# 农作物病虫测报物联网

NONGZUOWU BINGCHONG CEBAO WULIANWANG

全国农业技术推广服务中心 主编

中国农业出版社
北 京

**图书在版编目（CIP）数据**

农作物病虫测报物联网/全国农业技术推广服务中心主编．—北京：中国农业出版社，2020.5
ISBN 978-7-109-26670-4

Ⅰ.①农… Ⅱ.①全… Ⅲ.①互联网络-应用-作物-病虫害预测预报②智能技术-应用-作物-病虫害预测预报 Ⅳ.①S435-39

中国版本图书馆CIP数据核字（2020）第041631号

中国农业出版社出版
地址：北京市朝阳区麦子店街18号楼
邮编：100125
责任编辑：阎莎莎　　文字编辑：史佳丽
版式设计：王　晨　　责任校对：沙凯霖
印刷：中农印务有限公司
版次：2020年5月第1版
印次：2020年5月北京第1次印刷
发行：新华书店北京发行所
开本：880mm×1230mm　1/16
印张：8.25
字数：230千字
定价：76.00元

# 编辑委员会

　　病虫测报是制定病虫防控方案、科学指导病虫防控的重要前提。病虫发生信息的获取和分析是开展病虫趋势预测预报的基础。常规的病虫调查监测主要依靠基层测报人员下田眼观手查，费时费力，效率低。而且，基层测报人员变化快，人员减少、年龄结构老化，在一定程度上影响了病虫调查监测的质量和时效性。

　　随着自动控制、无线网络、大数据、人工智能等自动化、信息化技术的快速发展，害虫灯诱、害虫性诱自动监测与作物病害实时监测预警、田间小气候自动监测等技术不断发展，一些自动化、智能化监测设备陆续进入病虫测报领域，出现了一批病虫测报物联网设备及其数据分析平台。为提高病虫害监测预警的自动化、智能化水平，近年来全国植保体系大力推动病虫测报物联网的试验示范，各地陆续安装田间自动监测设备。熟练应用和掌握这些设备及其数据分析平台逐渐成为各级测报人员的基本工作要求。

　　为帮助基层测报人员掌握现代病虫测报物联网知识，笔者根据目前各地植保机构使用较多的几类病虫测报物联网，系统阐述每类病虫测报物联网的工作原理、组成结构、田间安装与维护、物联网终端设备及其数据分析平台等内容。本书主要包括7章，第一章为绪论，主要总结病虫测报工具发展、物联网及其在病虫测报上的应用进展等；第二至六章分别介绍害虫灯诱自动监测物联网、害虫性诱自动监测物联网、农作物病害实时监测预警物联网、农作物病虫害田间移动智能采集系统与农田生境监测物联网的技术原理、应用技术、安装维护、系统平台等内容；第七章主要介绍病虫测报物联网数据分析系统平台及其应用技术。为规范各地试验示范，附录部分给出了各类现代病虫测报工具试验示范方案。本书可作为各级测报人员的技术培训教材。

　　由于物联网技术日新月异，终端设备也在不断改进升级，加之作者水平有限，书中难免有疏漏和不足之处，敬请读者批评指正。

编　者

2019年11月

CONTENTS 目 录

# 第一章　绪　　论

##  第一节　我国病虫测报工具的发展

病虫测报是病虫害防治的前提和基础。应用病虫测报工具，又是获取田间病虫害第一手资料的重要手段。长期以来，我国农作物病虫害田间调查主要依靠手查、目测、竹赶、盆拍等传统手段，测报工具简易粗放，自动化与智能化程度低，导致调查工作量大、效率低、误差大，从而成为制约现代植保转型发展的重要短板之一。当前，随着现代科技与装备制造业水平不断提高，物联网技术、通信技术深入各行各业，新型测报工具不断涌现，为推进测报工具自动化、智能化发展提供了有利条件。

### 一、我国病虫测报工具研发应用历程

我国农作物病虫测报工具的研发应用是伴随测报技术的进步和科技的发展而逐步改进提高的，总结我国测报工具研发应用历程，大体可分为4个阶段。

（一）简易自制工具应用阶段

大体时间为1980年以前，以1979年农业部组织修订《农作物主要病虫测报办法》为分水岭。新中国成立初期由于没有专业测报机构和人员，无法开展有组织的病虫测报工作，因而没有专门的测报工具。1955年农业部颁布《农作物病虫害预测预报方案》，确定了自1956年开始对水稻、小麦、玉米、棉花、马铃薯、柑橘等农作物的17种主要病虫害进行观察记载，标志着测报工作和测报工具研发应用的起步。这一阶段的测报工具主要有：简易害虫测报灯、孢子捕捉仪、白瓷盘、捕虫网等，这些工具多为借用或自制，种类少，缺乏统一标准。如20世纪60年代开始应用白炽灯诱测农田害虫，使用农药六六六毒杀所诱昆虫，需要每天人工开关灯具、人工取虫计数；稻田使用竹竿赶蛾目测稻纵卷叶螟成虫数量，使用白瓷盘调查稻飞虱；部分地区使用风向标式或旋转式孢子捕捉仪调查锈病、稻瘟病病菌孢子。结合全国水稻迁飞性害虫迁飞路径研究，20世纪70年代末开始在重庆市秀山县、安徽省黄山市等害虫迁飞通道，应用高、低空捕虫网进行迁飞性害虫监测和异地测报。随着1972年中国科学院上海有机化学研究所人工合成红铃虫性信息素，我国开始在棉区进行害虫性诱剂诱测试验。

（二）半自动工具应用阶段

大体时间为20世纪80年代至2000年前后。该阶段研发应用的工具主要有改进型测报灯、害虫性诱剂、电动孢子捕捉仪等，大多为原有简易工具的改进和规范。

（1）测报灯具的改进。改进了传统测报诱虫灯具，应用双管灯（日光灯＋黑光灯）、双波灯、三光源灯（日光灯＋20W黑光灯＋60W白炽灯）等进行棉田、稻田害虫监测，诱虫效果明显优于传统的单光源灯。规范了测报灯安装位置和诱虫光源，如棉铃虫用功率20W、波长365nm的黑光灯，二化螟、稻飞虱用200W白炽灯，提高了害虫诱集效果。用于测报灯诱集的杀虫药物由六六六改为敌百虫、敌敌畏、氰化钾等。20世纪90年代初，浙江等地研制出测报灯光电自控器，实现了测报灯的自

动开关。

（2）孢子捕捉仪的改进。20世纪80年代初，上海、浙江等地研制出电动孢子捕捉仪，可以任意设置转动的起始时间和持续转动的时段，有固定式、便携式、车载式，提高了对小麦赤霉病和锈病、稻瘟病等气传病害孢子的捕获效率。

（3）害虫性诱剂的应用。20世纪80年代中期开始示范应用棉铃虫、红铃虫、二化螟等害虫性诱剂，诱芯采用硅胶橡皮头，诱捕器为水盆、黏胶板或塑料瓶等，替代杨树枝把、谷（稻）草把等诱蛾方法，并规范了红铃虫等害虫性诱剂田间放置标准。此外，应用黄色器皿诱测蚜虫，规范了稻田赶蛾方法。由于取虫和维护困难，20世纪90年代初期逐步取消了高、低空捕虫网的应用。

（三）准自动工具应用阶段

2001年鹤壁佳多科工贸股份有限公司借鉴韩国等国家的经验，成功制成自动虫情测报灯，2002年起在全国示范推广，这是我国测报工具进入准自动阶段的标志。21世纪前10年应用的主要工具有：自动虫情测报灯、害虫性诱设备、农田小气候观测仪等。自动虫情测报灯具有自动开关、红外线杀虫、7d存放虫体、遇雨自动闭灯保护等功能，明显优于传统测报灯并陆续替代传统测报灯，成为基层标配的测报工具之一。以宁波纽康生物技术有限公司为代表的昆虫性信息素研发企业，自2004年起专注于害虫高效性信息素、缓释诱芯载体及专用诱捕器的研究和应用，尤其是2009年起全国农业技术推广服务中心在全国范围内组织开展害虫性诱设备的示范应用，大力推进诱芯标准化、诱捕器专业化、诱捕技术规范化、诱测系统自动化，促进了害虫性诱监测设备和技术的革新，害虫性诱监测工具不断成熟，标准化程度不断提高，提高了诱测效果。2015年，制定了《农作物害虫性诱监测技术规范（螟蛾类）》（NY/T 2732—2015）。另外，小气候观测仪被引入测报工作，用于对气候型病害监测预警的辅助分析。此外，鹤壁佳多科工贸股份有限公司改进型自动虫情测报灯，如太阳能型、拍照型、计数型、乡村型测报灯陆续开发应用，小麦吸浆虫淘土机、黏胶型盘拍工具等测报工具得到研发，黄板、蓝板分别用于蚜虫、蓟马等微小昆虫的监测。依托1998年启动的国家植保工程等项目，2001年以来，自动虫情测报灯、孢子捕捉仪、农田小气候自动观测仪、全球定位系统（GPS）等成为病虫监测调查的主要工具。

（四）新型自动化测报工具试验示范阶段

2010年以来，随着互联网、物联网技术的快速普及应用，各类新型自动化测报工具研发进度明显加快，尤其以基于害虫性诱和物联网技术为代表的新型自动化、智能化测报工具的研发应用，明显提高了测报工作效率。

（1）基于害虫性诱的远程自动虫情测报工具（系统）。该工具（系统）利用害虫性诱的专一性解决了分类的难题，并结合物联网技术和现代通信技术，实现了集自动诱捕、计数、传输、分析于一体的远程实时自动监测，开创了自动测报工具研发应用的先河，是最具代表性和实用性的自动化监测工具。其中，宁波纽康生物技术有限公司设计的害虫性诱自动计数系统在棉铃虫、斜纹叶蛾诱测上取得良好效果。近年来，宁波纽康生物技术有限公司的"赛扑星"、北京依科曼生物技术股份有限公司的"闪迅"等工具正在全国各地示范应用和改进完善。

（2）基于预测模型的气候型病害监测预警系统。自2008年重庆首次引进比利时马铃薯晚疫病实时监测预警系统并进行本土化开发以来，基于农田小气候自动观测仪、物联网技术和专业预警系统的马铃薯晚疫病测报系统已在西南及西北多个省份得到应用，大大提高了马铃薯晚疫病预警的时效性和准确性。同时，这也为小麦赤霉病、稻瘟病等气候型病害的监测工具优化和预警系统开发提供了借鉴。西北农林科技大学研发出小麦赤霉病监测预警系统，也正在陕西、江苏等地示范应用。

（3）基于病虫图像采集的远程监控系统。借鉴安防监控系统，在农田安装高清摄像头和图像传输系统的病虫害远程实时监控工具，也被多省引入测报工作中，可以实现田间作物长势及叶部病虫监测。佳多农林病虫害自动测控系统（ATCSP）还具有与田间小气候设备、自动虫情测报灯等多个设备集成使用功能。远程控制（智能）测报灯与孢子捕捉仪，通过网络远程遥控测报灯与捕捉孢子时间，自动高清拍照，图片网络传输及室内鉴别计数，实现测报灯灯诱害虫及气传孢子的自动采集、网络传输，2011年起在河北等地用于小麦条锈病病菌、白粉病病菌监测。

（4）特异化诱虫灯。2010年以来，全国农业技术推广服务中心先后组织由鹤壁佳多科工贸股份有限公司研发的高效光谱灯具诱测盲蝽试验示范，筛选出诱集效果更好的灯具，并在盲蝽发生区推广应用。2013年起，示范高空测报灯（1 000W金属卤化物探照灯诱虫器）监测黏虫、小地老虎等远距离迁飞性害虫的迁飞路径及迁入虫量，并于2014年在全国17个省份建立了19个监测点，显示出较好的效果。

此外，北京依科曼生物技术股份有限公司将医用透视技术应用到农林害虫监测中，开发出农用透视仪，用于玉米螟、水稻螟虫等水稻、玉米钻蛀性害虫监测，解决人工剥秆监测耗时费力的问题。2009年以来，中国科学院动物研究所等单位与河南济源白云实业有限公司合作研发了国内首台吸虫塔设备，并在多省试验示范，现已安装39座设备，初步形成监测网络，用于监测麦蚜、大豆蚜，与田间动态较为吻合。2010年，全国农业技术推广服务中心在江苏等地示范应用吸虫器监测盲蝽，显示出较好的诱捕效果；江苏示范低空捕虫网工具，用于灰飞虱监测，显示出较好的应用效果。

## 二、国外病虫测报工具应用现状

分析国外测报工具，尽管种类不多，但都较为专业和高效，自动化、标准化程度高，并且大多具有专用数据处理系统或预测模型。其特点主要有：

（1）专业性强。欧洲国家和美国20世纪80年代即建成覆盖大范围的固定式吸虫塔（suction trap）监测网络系统，用于监测小型迁飞性害虫，如大豆蚜和麦类蚜虫。欧洲各国还采用吸虫器作为测报工具，用于定期吸捕、监测春秋季空中飞行（0.2～2.0m不同高度）的蚜虫等害虫。日本、韩国使用自动虫情测报灯诱测稻飞虱、螟虫等害虫，使用固定式吸虫器或低空捕虫网监测稻飞虱。2015年韩国安装20套低空自动捕虫网系统，其配置包括10m高杆、捕虫网、真空抽吸控制系统、自动拍照设备、自动识别软件进行自动分类、计数，无线传输及终端接受系统等。2016年试验自动识别准确率达90%，实现稻飞虱自动诱测。性诱剂在果树、蔬菜、棉花等害虫测报上应用普遍，如欧美许多国家使用害虫性诱剂及其专用诱捕器，进行棉铃虫、玉米螟、苹果蠹蛾等农林重要害虫测报。

（2）标准化程度高。测报工具产品规格、功能参数大多统一。例如，欧美国家使用的固定式吸虫塔均为高8m的统一装置，吸虫器固定式的为Taylor型、移动式的为D-Vac型。日本、韩国低空捕虫网安装高度和网口直径均为统一标准，如低空捕虫网安装高度统一为10m。扫网在西方国家被广泛用于农田对体型小、活动性大的昆虫进行调查，均有统一规格。如美国扫网采用直径38cm、网深（网口至网底）75cm、网杆长100cm、网杆粗2.2cm的统一规格和标准，便于全国推行、相互比较。我国自2009年以来才先后在稻飞虱、盲蝽监测调查规范中对捕虫网规格进行了规定，如盲蝽测报规范中规定直径33 cm、网深80cm、网杆长100cm。

（3）数据处理系统或预测模型配套。欧美国家对吸虫塔建有专用数据存储和分析处理系统，各国数据联网共享；日本、韩国稻飞虱空中无人自动捕虫网系统建有专用数据存储和处理系统。欧洲针对主要病虫害均建有长短期预测模型，如针对小麦白粉病、蚜虫与马铃薯晚疫病，结合田间小气候记录仪记录数据、吸虫塔等设备调查数据，建立了专业系统和计算机模拟模型。联合国粮食及农业组织（FAO）通过陆地资源卫星对蝗虫栖息地植被监测数据，以及气象卫星实时气象数据，经过专用系统自动处理，对大区域降水和植被变化进行分析，进而做出蝗情预报。

（4）遥感（RS）技术得到实际应用。在欧美国家，RS技术被用于迁飞性害虫测报中。美国害虫区域治理研究组、英国自然资源研究所是全球最早利用雷达监测迁飞性害虫的组织，英国昆虫学家1968年就成功利用雷达对迁飞性害虫如沙漠蝗进行监测，美国1978年建成昆虫雷达并用于害虫监测。

1975年起，FAO利用美国陆地资源卫星（Landsat）和美国气象卫星（NOAA）监测非洲沙漠蝗。澳大利亚1971年建成昆虫雷达，开始用于对本土蝗虫、棉铃虫迁飞路径进行监测研究；20世纪90年代中期又在棉铃虫、蝗虫虫源区安装两部昆虫雷达，于90年代末开始进行周年连续监测，包括害虫数量及飞行高度、速度、方向等虫情动态和飞行参数。

## 三、我国现有病虫测报工具的不足

近年来，我国植保科研、推广单位及相关企业开展了多种新型测报工具的研发试用，显示出强劲的发展势头，取得了明显的进步；但许多新型工具仍存在诸多缺点和不完善之处，需要进一步改进完善，方能满足现代测报工作的要求。

（1）设备稳定性和准确性有待提高。不少新型监测设备软硬件成熟度不够，运行不稳定，故障率高。如害虫性诱自动监测设备故障率高，自动计数技术有待改进，存在重复计数、诱测结果与实际情况不一致的缺点。性诱监测工具易受田间背景气味、害虫性比、害虫世代、取食习性、气象因素等影响，诱测效果与实际情况存在较大差异。远程监控设备的摄像头精度不够、分辨率低，目前仅能用于了解田间作物长势、生育时期和比较明显的叶部病虫危害症状。农用透视仪难以区分稻桩或秸秆内害虫的种类与存活情况，设备还需在成像清晰度、虫体自动辨别和计数等方面进行功能完善，以提高在测报上的应用价值。

（2）自动化程度仍有待提高。如新型远程智能测报灯和孢子捕捉仪还需要增加对灯诱害虫和孢子种类的自动识别与计数功能，真正实现自动化和智能化。吸虫塔作为一种小型迁飞性害虫的监测工具，在我国用于测报工作尚处于起步阶段，能否有效监测麦蚜等害虫，还有待大范围应用验证。农田小气候监测仪虽然已用于赤霉病、稻瘟病等病害分析工作，但仍缺乏可信的预测模型，监测数据只能用于辅助分析，在实际趋势预测中尚难以发挥作用。

（3）规格技术不统一。尽管目前新型测报工具研发进度较快，但普遍存在产品外观、规格型号未定型，诱测方法和技术不统一等现象。如基于性诱的害虫远程自动监测设备，现有研发生产企业在诱芯、诱捕装置、红外计数等硬件和数据处理软件方面互不兼容、各自为政，不利于数据的标准化和网络化统一利用，也影响了推广应用进度。

## 四、加快现代病虫测报工具研发应用的建议

农业现代化离不开装备现代化，现代植保需要高效的专业测报工具。面对我国农作物病虫害发生不断加重、基层测报体系不断弱化的态势，加快新型自动测报工具的研发应用，以高效专业工具代替手工劳动获得数据，不断推进测报工具的专业化、自动化、标准化，是提高测报水平、服务现代农业发展的必由之路。

（1）坚持自动化、标准化、简便化研发原则。充分利用现代电子技术、通信技术、物联网技术，实现病虫害发生数据自动化采集，配套专用数据处理系统，实现智能化分析处理和预警判断，逐步减少人工调查工作量。标准是世界通用的语言，只有标准化后才能实现数据共享和互联互通。标准化是病虫资料和预测质量的保证，而伴随着预测技术和方法的进步，对数据质量的要求越来越高。针对重大病虫害监测调查设备，要在核心设备、功能参数、使用技术、数据收集处理等方面实现标准化，以便于全国比较。简便、高效、实用是测报工具研发的必需条件，测报工具的田间安装使用应简单方便，能够适应农田不同气候条件；设施设备应高效实用，基层工作者前台的使用操作手续应简化，复杂的处理工作可以留给后台。

（2）坚持引进、借鉴、研发并进方式。第一，根据我国病虫害监测调查实际，可以引进国外高效专业测报工具，如吸虫塔、吸虫器、低空捕虫网等工具，在此基础上再改进，提高实用性和可靠性。第二，借鉴其他行业调查检测工具，进行专业化改造，如农用透视仪、昆虫雷达、卫星遥感、遥

控机器人等工具。我国昆虫雷达研究和应用起步较晚，目前仅用于迁飞性害虫研究，要在推进全国组网建设、开发专用数据分析处理系统等方面下功夫，填补我国应用空白。第三，自主研发。充分利用害虫性诱的专一性及可实现自动计数和信息直报的特点，融合物联网技术、现代信息技术开发高效智能工具；加强新型测报工具配套数据处理系统研发，尤其是要发挥农田小气候自动观测仪的作用，针对生产上重大气候型病害，研发出专业预测预报系统。

（3）坚持试验示范推广应用程序。各级植保机构要加强新型工具的试验示范，协助研发生产企业逐步改进工具、完善功能、定型产品，制定使用技术规范，建立配套数据分析处理专用系统，提高测报工具和设备的可靠性、稳定性。坚持成熟一个推广一个，逐步更新传统老旧设备，不断扩大新型工具的使用比例。由于测报工具市场需求小、产业化程度低，企业和相关研究机构研发的主动性不强，要积极争取政府扶持，一方面设立研发专项，建立以企业为主体、产学研协作的研发机制，加快新型测报工具协同研发进度；另一方面对新型专用测报设备购置给予补贴，确保企业获得一定的利润，形成产品研发应用的良性循环。

## 📅 第二节　现代新型病虫测报工具的研发与应用

病虫测报在重大病虫害防控工作中起着信息支撑和决策支持的作用。精准的测报可以指导农户"防不防、什么时候防、防几遍、用什么方式防"，从而提高防控效果，最大限度地减少农药用量。2000年以来，我国农作物病虫测报工作在党和政府的重视下，取得了明显进展。尤其是2013年农业部印发《农业部关于加快推进现代植物保护体系建设的意见》后，我国现代植保体系建设得到较快发展。全国农作物病虫测报体系乘势而上，抓住信息化快速发展的机遇，充分利用互联网、物联网等现代信息技术，在自动化新型测报工具研发应用、病虫测报信息系统建设、预报发布方式创新等方面进行了大胆的探索，取得了明显进展。

### 一、病虫监测工具自动化研发应用取得重要进展

（一）自动虫情测报灯等新型测报工具在应用中不断升级，初步完成了重大病虫害实时监控物联网技术改造

以佳多系列测报工具为代表，近年来，研发人员充分利用物联网技术，在原有测报工具的基础上，通过升级改造，利用以视频和图片为核心的重大病虫害实时监控物联网技术，开发了可远程自动控制的新一代测报工具。一是开发了害虫发生信息自动采集系统。在自动虫情测报灯原有的自动定时开关、自动红外杀虫烘干、自动逐日转格等功能的基础上，进一步开发了远程自动定时拍照并上传图片功能。对于有一定经验的测报人员，每天可通过检查网络系统上传的图片，分类计数各类目标害虫的发生种类和数量，实现了足不出户随时掌握各类害虫的发生动态的跨越。二是开发了病虫害远程实时监控系统。通过远程操控安装在田间或者病虫害观测场的监控设备，可以实时观测到田间作物长势，甚至可以通过调整焦距来观测农作物上病虫害的发生危害情况。其优点在于可以进行野外录像、拍照，为测报人员实时展现野外场景，成为测报人员的"千里眼"，尤其适宜在恶劣环境下开展监测工作。同时，也为监控各种防控行动及效果提供了便利。三是开发了病菌孢子培养远程监控系统。通过将孢子捕捉仪捕获的病菌孢子进行保湿培养，促使其萌发后，通过显微摄影，上传图片，可以及时观测田间病菌孢子的发生情况，以分析预测病害的发生趋势。四是开发了田间小气候采集系统。通过设置在田间的小气候仪，可实时自动采集和上传田间各类气象因子，在不间断地观测田间气候变化情况的基础上，也完成了农田小气候数据库的建设，为实施农作物病虫害模型预测奠定了基础。目前，该套产品已在河南、广东、甘肃、新疆等20多个省份开展试验、示范，有望作为新一代的测报工具推广应用。该物联网系统控制平台已接入全国农作物重大病虫害监控信息系统，随着试验、示范的不

断开展和产品的成熟，将在农作物重大病虫害监测预警中发挥重要作用。

（二）重大害虫性诱测报工具研发解决了多项关键技术，已全面开始推广应用

为做好重大害虫性诱实时监测，以浙江大学杜永均研究团队、宁波纽康生物技术有限公司为代表，从害虫性诱剂提纯与合成、飞行行为与诱捕器研制、监测信息系统构建等方面开展了系统研究，不仅性诱剂、诱捕器种类齐全，还开发了实时自动计数、数据直报的害虫性诱信息管理系统，为实施重大害虫性诱自动监测奠定了基础。一是研究明确了害虫性信息素的作用机制，解决了主要害虫性信息素分析、提纯及合成关键技术，为大量开发利用昆虫性信息素开展虫情监测和害虫防治创造了条件。二是开发了稳定均匀释放的测报专用性诱芯、差别化的高效诱捕器和配套的应用技术，解决了害虫性信息素大面积使用的技术难题。用于害虫测报的诱芯不同于一般用于防治的诱芯，它的难点在于要求每日均匀释放，克服因释放量不均匀而影响监测的准确性。杜永均团队基于测报诱芯性信息素均匀释放的要求，攻克了性信息素释放的缓释材料技术难题，开发了多种稳定均匀释放的害虫性诱芯，解决了害虫性诱监控的技术瓶颈。通过研究害虫的飞行行为，发现不同害虫飞扑诱捕器的飞行方式不同，从而开发了"漏斗式、屋式、罐式"等差别化的高效干式（无水盆）诱捕器，解决了害虫性诱监控的技术难题。通过反复试验，明确了害虫性诱监测诱捕器在田间的安装位置、悬挂高度、安装方法等关键技术。在此基础上，制定了主要害虫性诱测报技术规范农业行业标准，为大范围实施害虫性诱监控技术提供了技术支撑。三是研究解决了害虫性诱自动计数关键技术，研建了害虫性诱自动监测预警平台，实现了害虫性诱自动监测预警。根据害虫的生物学特性，经过多年多次反复试验，设计诱捕器类型和自动计数方法，减少了重复计数和漏计、乱计现象。根据害虫性诱监测的特点和相关测报技术规范，研建了害虫性诱监测预警系统平台，实时上传诱捕器的诱虫情况，既可以对某一个观测站点的某一种或几种害虫的发生情况进行实时观测，也可以通过系统联网，对多点的同一害虫或者多种害虫进行联网实时监测管理，提高了实用性，为大面积推广应用创造了条件。四是研发了多套诱捕器组合使用技术。一般情况下，1个诱捕器只安装1种诱芯，只能诱测1种害虫。根据同一个观测场点需要观测多个害虫对象的实际需求，杜永均团队研究开发了多套诱捕器组合使用技术，采用1个网关最多可以带8个诱捕器，可以根据观测场监测对象的数量，选择诱捕器的种类和数量，较好地解决了1个观测场点多种害虫的观测问题。这不仅提高了设备的实用性，也降低了设备的使用成本。北京依科曼生物技术股份有限公司以性诱芯为核心，也研发推出了害虫（性诱）远程实时监测系统，在害虫的自动计数和信息平台建设方面也取得了明显进展，在各地示范推广。2016年，全国农业技术推广服务中心在统一建设标准的基础上，已将害虫性诱实时监测系统正式接入全国农作物重大病虫害监控信息系统，开始利用害虫性诱实时监测系统开展全国重大害虫的联网监测，以促进这项技术的应用。

（三）重大病害实时监测工具在预测模型研究的基础上，通过开发预测因子实时采集设备，进行了大范围的示范和推广应用

我国农作物重大病害的实时自动监测预警研究相对而言更为成熟，尤其是针对一些气候型病害的监测预警设备已成熟并进入推广应用阶段，为其他病虫害的自动化监测研究提供了宝贵经验。一是马铃薯晚疫病实时预警工具已广泛应用。在农作物病害的实时预警方面，最早开展试验、示范和推广应用的为马铃薯晚疫病实时预警系统。北京汇思君达科技有限公司等单位利用比利时艾诺省农业应用研究中心研制的马铃薯晚疫病预测模型（CARAH），通过安装在田间的小气候仪实时采集温度、湿度、降水量、光照度等气象因子，并自动上传到气象因子数据库，在实现对农田气象信息实时自动监测的基础上，利用所采集的气候因子和预测模型进行拟合，开发了马铃薯晚疫病实时预警系统，实现了对马铃薯晚疫病田间发病情况的实时监测和自动预警，通过近10年的开发、实践和验证，在全国马铃薯主产区病害测报中得到了较大范围的推广应用。从2014年起，全国农业技术推广服务中心开发建成了中国马铃薯晚疫病实时监测预警系统。截至2016年底，已将安装在全国12个省份的400多台用于马铃薯晚疫病监测的田间气候仪进行了联网，不仅可以对每个监测站点病害的发生情况进行实

时监测，及时预警和指导防治，而且实现了全国马铃薯晚疫病联网实时监测预警，病害监测预警的自动化、智能化程度明显提高。二是小麦赤霉病预报器已开始进入示范推广阶段。西北农林科技大学胡小平、商鸿生研究团队经过30多年的系统研究，对陕西关中地区小麦赤霉病的发病机理和流行规律取得了突破性的研究进展，构建了小麦赤霉病实时监测预测模型，不仅可以实时监测赤霉病的发病情况，而且可以在提前7d预测病害发生趋势的前提下，对病害发生进行滚动预测，不断校正预测程度，这对于及时指导病害精准预防具有重要意义。在此基础上，该团队开发了实时采集田间气候因子的专用设备，并辅助输入田间玉米、水稻秸秆及其带菌量和成熟度等预测因子，实现了对小麦赤霉病的实时监测预警。2015年，陕西省植物保护站开始组织试验；2016年起，全国农业技术推广服务中心组织在陕西、江苏、四川等省份的20多个县（市、区）大范围开展试验、示范和推广工作，并构建了小麦赤霉病远程实时预警系统，实现了对全国小麦赤霉病的联网实时监测和预警。随着该设备的推广应用和升级完善，必将成为农作物病害自动监测预警的又一成功范例。三是主要病虫害预测模型和自动监测工具研发呈现加快趋势。借鉴马铃薯晚疫病实时预警系统、小麦赤霉病预报器等产品成功开发和应用的经验，以及近年来物联网技术提供的科技支撑，西北农林科技大学胡小平团队还开发了小麦白粉病实时预警系统，并已装机试运行；四川省农业厅植物保护站与北京金禾天成科技有限公司合作，初步开发了水稻二化螟、稻瘟病等病虫害实时监测预警系统，并设计试制了预警系统样机，待模型校正准确后，有望进入试验、示范和推广应用，为实施农作物病虫害自动化监测预警提供了新的思路。

**（四）各类移动采集自动计数设备不断开发，实用性逐步提高，有望在田间数据采集中推广应用**

为提高田间病虫害数据采集和传输效率，各级植保机构与有关专家通过和企业开展合作，针对不同的测报对象，开发了多种田间病虫害发生数据移动采集设备，在测报调查中试用，取得了一定的进展。一是田间病虫害数据填报设备。为提高病虫测报调查数据的传输速度和工作效率，北京金禾天成科技有限公司、内蒙古通辽绿云信息有限公司基于国家和各地测报数据报送的需要，利用多款手机等移动端，开发了病虫测报田间数据采集设备，通过在田间直接操作，监测调查数据可直接上报到各省和国家测报信息系统，已在北京、山西、内蒙古、广西等省份推广应用。二是移动端信息采集设备。黑龙江省植物保护站以GPS为载体，开发了稻瘟病田间病情实时监测网络设备，测报人员在田间取得的调查数据以及行走的轨迹可实时上传到网络系统，而且只有在田间才能上报数据，防止发生个别测报人员不负责任的估计填报，提高了调查的准确率，已在黑龙江全省投入应用。三是小虫体拍照计数设备。北京天创金农科技有限公司开发的小虫体自动计数系统，可在使用手机等设备拍照的前提下，自动识别计数照片上单片病叶或者茎叶上的虫口。该系统可在GPS、智能手机、平板电脑等移动终端上运行，有望进一步开发应用，也可在一定程度上减轻测报调查工作强度。四是害虫透视检查设备。北京依科曼生物技术股份有限公司开发的农用透视仪，可对稻桩和储藏期玉米秸秆等干枯植株残体中水稻螟虫、玉米螟等虫体进行检测，节省了测报人员用手剥秸秆调查虫口的时间，测报工作效率也大大提高。

## 二、病虫测报信息系统建设和应用水平全面提升

**（一）全国农作物重大病虫害数字化监测预警系统已投入使用10年，在病虫测报中发挥了重要作用**

自2009年开始，在农业部领导的高度重视下，全国农业技术推广服务中心采用"总体规划、分步实施"的思路，开发建成了农作物重大病虫害数字化监测预警系统，初步实现了病虫测报数据的网络化报送、自动化处理、图形化展示和可视化发布，全国农作物病虫测报信息化建设取得显著进展。

### 1.测报数据上报

围绕全国农作物重大病虫害监测信息报送工作需要，采用计算机终端填报和手机移动端填报相结合的方式，设计了水稻、小麦、玉米、棉花、油菜等农作物重大病虫害，以及蝗虫、黏虫、草地螟

等重大病虫害发生和防治信息周报等共151个数据上报表格，填报数据6 000多项，实现了测报数据自动入库和汇总分析，使全国病虫测报信息的报送进入了网络信息时代，极大提高了测报信息传输的时效性。

**2. 数据分析处理**

在实现重大病虫害测报数据网络报送、自动入库和查询汇总的基础上，开发了多种数据分析功能。一是统计分析功能。可对全国及各省各项监测数据进行统计分析比较，以判断其发生状况。二是专题图分析。采用图表、地理信息系统（GIS），及其相结合等方式对专题数据进行分析展现。三是GIS分析。采用GIS或Flex等技术手段对分析指标进行插值分析。

**3. 图形化展示预警**

使用GIS插值分析功能，实现了对全国某个重大病虫害发生分布和发生状况的直观展示；开发了病虫害发生动态推演功能，能够动态展示一段时间内某种病虫害随着时间变化的地理空间的变化和趋势，对重大病虫害的蔓延扩展过程进行动态展示，提高了重大病虫害发生情况展示的直观性。

**4. 监测防控咨询**

为提高对基层植保机构的业务指导能力，系统开发了农作物病虫害专家知识库及专家网络咨询等平台。专家知识库收录了主要病虫害的危害症状、发生分布、防治方法及相关图片等内容，并支持全文检索、关键字检索等功能。专家网络咨询平台和远程诊断平台，提供专家在线咨询、专家离线留言和植保人员互动交流等多种功能，实现知识共享、信息交流、知识普及和技术指导等。

**5. 业务考核管理**

为加强对各级植保机构的业务管理，系统开发了多种业务数据管理功能，确保数据上报的及时性、完整性。系统将报送任务（包括时间、内容等）明确到每个基层站，并提供"报送提醒"和"漏报催报"功能；对于每个基层站的所有报送情况，系统提供统计考核功能，实现对每个基层站完成情况和迟报、漏报情况的考核。

**（二）省级农作物病虫测报信息系统建设同步推进，初步实现了与国家系统互联，在推进重大病虫害监测预警信息化建设方面功不可没**

**1. 省级测报信息系统建设基本概况**

据调查，截至2017年底，全国共有27个省级植保机构开发建设了各具特色的病虫测报信息系统，进展如下：一是系统内容基本覆盖主要监测对象，包括主要粮食作物和棉油糖等经济作物以及果菜茶等园艺作物病虫害近百种，超过各地监测对象的85%以上。二是系统功能基本覆盖主要测报业务，主要包括测报数据上报、智能分析、预报发布、监测站点管理等功能。三是系统应用基本覆盖病虫害重点监测站点，国家及省级系统已在1 340多个测报区域站（监测点）推广使用，覆盖率达85%以上。四是系统类型既有侧重又有创新。大多数省级系统与国家系统相近，以监测数据传输和分析处理为主；新疆、河北和安徽等省份特色较为明显，其调度指挥、网络会商和模拟预测功能较强。

**2. 远程预警防控指挥系统**

以新疆农业有害生物远程预警防控指挥系统为代表，目前该系统包括1个农业有害生物远程预警防控指挥中心和20个远程预警指挥控制终端站，覆盖全疆10个地区（自治州）的20个县（市），实现了病虫害远程监控、防控指挥与灾害诊断。在关键生产季节和主要病虫害高发期，各终端站对重点区域的病虫害发生动态进行监控、巡查，将病虫害实况以高清视频形式全方位现场采集与实时传输到指挥中心。指挥中心通过远程实时监控，随时掌握主要农作物、关键环节的病虫害发生动态与防控情况，对监测任务和应急防控进行实时指挥调度。针对新发、突发病虫害，可邀请专家在指挥中心实时开展远程诊断。当某地病虫害流行、暴发时，可组织召开远程视频会议，指挥中心可在第一时间迅速调取现场监控画面，了解受灾情况。异地的专家、领导可通过远程登录系统，随时随地获取远程终端画面并给出指导意见，通过网络实现了多级监控、管理。区别于传统固线监控手段接入，该系统的主

要特点是远程控制终端作为可移动的监控站，可实现多方位、多元化、无盲点的全方位病虫害监控，具有轻巧便携、机动灵活、响应迅速等优点。

### 3.网络会商系统

以河北省网络会商系统为代表，可容纳48位用户同时视频在线交流，具有五大功能。一是文字交流。与会者可通过文字方式进行自由交谈和讨论。二是文件共享与分发。会议用户可以向某个或所有与会者发送自己计算机上的文件，并可在平台界面上演示、共享PPT、Word、Excel等各类文档。三是电子白板。允许会议用户在公用的电子白板程序上绘制图形并输入文本信息，支持从其他程序进行图片和文字的复制粘贴，特别适于对某个问题进行现场示例或画图说明。四是会议录制。参加会议的用户可同步录制全部会议内容，包括多路音频、视频图像、共享数据等，便于存档或回放；通过浏览器即可实现在线播放或离线播放，视频可单独放大，文本信息可以复制、粘贴。五是会议管理。系统具有功能完善的会议管理功能，会议管理员可对会议进行灵活有效的调节、控制和管理。

### 4.模拟模型预测系统

以安徽省农作物病虫害监测预警系统为代表，其主要特点是建立了多种模型预测分析系统，如针对不同种植生态区的小麦赤霉病、白粉病的模型预测系统，在全国农作物病虫害信息系统建设中独具特色。

（1）网络会商（基于GAHP的模糊综合评判法）。按照会商流程，采用定性与定量相结合的方法，构建了基于GAHP的网络群体会商预测系统，实现了省、市、县三级植保专家理论知识与实践经验汇聚的网络会商预测功能。该会商预测平台采用背靠背网络运行方式，排除了现场会商权威人员的影响，经符合度检验，效果良好。该系统包括预测决策、知识浏览、系统管理维护3个模块，各自功能完善，保证系统高效运行。

（2）气象相似年分析（基于CBR范例推理）。结合智能计算、机器学习理论提出相似年匹配的案例学习策略，构建了基于先验知识的农作物病虫害气象相似年分析预测系统，优化了主要病虫害的预测参数。在预测过程中，采用滑动窗口分段匹配和预设模式匹配方法，拓展了预测数据和历史数据的匹配利用，延伸了数据的时间链，获得了相对较高的可信度和执行效率，实现了病虫害分区、动态滚动预测。

（3）综合分析预测。对安徽省各市、县多年病虫害会商研讨形成的理论和实践经验进行整理和总结，针对每种病虫害分别制定了一组对应的发生经验预测参数，形成病虫害发生经验预测计算模式，专家根据经验对病虫害发生影响因素设置参数和赋权值，由计算机计算得到病虫害发生风险提示结论。该预测系统将智能计算与专家经验预测相互融合，提高了病虫预测的实用性和灵活性。

（4）大数据分析预测。用户可根据具体病虫害数据分析的需要，自主选择筛选条件并能灵活设置其他选项，生成动态的可视化结果，大大提升了病虫害数据的可读性。此外，系统具有的拖拽重计算、数据视图、值域漫游等特性赋予用户对数据进行进一步挖掘和整合的能力。

（5）逐步判别预测。影响农作物病虫害发生有众多变量参数，但这些变量在预测判断模型中所起的作用不同，逐步判别法就是在判别过程中不断提取重要变量和剔除不重要变量，最终得到最佳判别结果。

（三）病虫测报信息化建设成效显著

### 1.实现了测报数据报送网络化，加快了信息传输速度

系统建设统一了测报调查标准和信息汇报制度，基层区域站调查监测取得的测报数据，能够通过国家、省级监测预警系统实时上传到数据库中，且报送过程简单、快捷，极大地提高了工作效率。北京、浙江、黑龙江等省份还开发了移动采集系统，采用GPS、平板电脑、智能手机等现代科技设备，实现了重大病虫害发生信息的实时采集和上传。

**2.实现了测报信息分析智能化，提升了快速反应能力**

各地信息系统开发的多种数据分析处理功能、智能化的数据分析、预报方法以及图形化分析处理功能，可随时查询、分析、汇总和图形化展示多个站点当年或历史数据，解决了目前测报数据利用率偏低、分析方法单一等问题。安徽、山西等省份开发了预测模型辅助预测功能，上海、山东、四川等省份开发了视频会商功能，提高了病虫害监测预警快速反应能力。

**3.实现了数据库建设标准化，建成国家数据库**

通过统一数据格式和标准，补充录入历史数据和实时录入调查数据，初步建成了国家农作物重大病虫害监测预警数据库。据统计，全国各级系统目前共设计报表2 520多个，数据量超过360万条，年均积累数据60余万条。仅国家系统而言，目前已积累信息报表200多万个，数据近3 000万个。北京已完成近30年来的测报历史资料电子数据库建设。这些测报数据的积累，为进一步开展测报技术研究、探索预报技术方法、提高预报服务水平奠定了坚实的基础。

## 三、病虫预报多元化发布取得新进展

### （一）创新预报方式

2000年以来，全国农业技术推广服务中心大力探索电视、广播、手机、网络和情报"五位一体"的现代病虫预报发布新模式，使预报信息发布达到了"快、广、准"的目标，极大提高了预报信息的覆盖面和到位率。

**1.重大病虫警报电视预报**

为做好重大病虫预报信息的电视发布工作，提高预报信息的覆盖面、收视率和到位率，借助农业农村部和国家气象局合作机制，对重大病虫预报通过中央电视台综合频道（CCTV-1）天气预报栏目发布，极大提高预报信息的覆盖面和入户到位率。如针对2012年小麦赤霉病、三代黏虫的严重发生情况及时通过CCTV-1平台发布，对宣传动员广大农民及时开展防治、提高防治效果、减轻灾害损失起到了积极作用。

**2.重要病虫预报手机平台发布**

对于一些重要的病虫预报，及时将有关预报信息编发成手机彩信，通过系统彩信发布平台和中国联通短信通道及时发送到生产管理和植保技术人员手机上，起到很好的提示作用。截至2017年，全国农业技术推广服务中心及部分省级植保机构开发了"病虫情报"微信公众号，所有关注该公众号的人员都可在第一时间获取全国各地的病虫害最新发生信息。

**3.全部预报信息专用网站发布**

2010年以来，全国农技推广网病虫测报网页每年都进行升级改版，开设了全国预报、各地预报、病虫周报、彩信预报、电视预报和重大警报等多个类型的预报发布栏目。在发布内容上，除发布全国的预报信息外，还组织各省植保站上传发布各地病虫预报信息，从而形成了上下一体、左右衔接的信息集群，极大丰富了预报信息内容，提高了预报信息的利用率，促进了防治工作的开展。

### （二）预报方式创新主要成效

通过创新预报方式，解决了传统的预报发布不及时，难以传达给农民的问题，预报信息到位率和覆盖面大幅提高。

**1.信息发布快捷，时效性强**

通过电视、网络和手机等现代媒体发布预报信息，最大的优势就是信息传递迅速。预报信息一发出，用户马上就能收到，对指导和动员农户开展防治时效性更强。

**2.信息覆盖面广，到位率高**

网络、电视的覆盖面远大于传统的纸质预报发布方式，尤其是CCTV-1天气预报栏目发布预报，既是权威渠道，又是黄金时段，预报信息的覆盖面和到位率大幅提高。

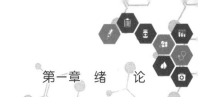

### 3.信息展示直观，实用性强

采用电视、手机、网络结合及文字、图像、语音结合的方式发布预报信息，图形化、可视化展示，通俗易懂，便于广大用户理解和掌握，预报使用效果好。

### 4.信息长期保存，查询性强

通过专用网站发布预报信息，既可扩大信息覆盖面，又可实现预报信息随时查询，还能使预报信息长期保存，反复利用，提高了预报的使用价值。

### 5.信息受众广泛，影响力强

通过现代媒体发布预报信息，受众既有政府部门高层决策者，也有中层管理者和技术人员，还有广大农民等生产者。预报信息往往被多家主流媒体转载，进一步扩大了社会影响力。

农作物病虫害现代测报工具研发应用虽然取得了较大的进展，但总体上还存在研究投入不足、技术成熟度不高、推进速度较慢等问题。分析原因：一是研发周期长、投入成本大。测报工具研究往往需要较长的周期，如害虫性诱自动测报工具的研究目前已超过10年，投入了大量的人力、财力，经过多次改进，解决了多项关键技术，但仍不能实现所有常规害虫的测报。二是市场份额小、投资回报低。测报工具不同于一般的防治产品，一般一个县只有几台（套），不仅市场份额小，回报低，而且回报速度慢。三是政府投入少、研究引领不够。在测报工具的研究上，主要以相关企业投入为主，来自财政以及科研项目的投入相对比较少，科研的支撑与引领作用不够，关键技术突破和产品推出的速度相对较慢。

今后，加强新型测报工具的研发和应用，第一，必须提高思想认识。现代新型测报工具的研发和应用是提高重大病虫害监测预警能力的根本出路，先进实用的自动化测报工具不仅凝结了现代科学技术，而且整合了有效的测报方法，是破解测报队伍不稳、人员数量下降局面的主要手段。第二，必须加大推广应用。由于现代新型测报工具研发周期长，对于具有方向性和苗头性的产品，必须采取边研究，边试验、示范、推广的策略，加大支持力度，促进产品熟化。第三，必须加强项目支持。对于经过试验、示范的成熟产品，要在项目建设中作为采购目录产品，加大支持力度，促进测报装备更新换代。2017年，国家启动了新一轮的植保工程建设项目——动植物保护能力提升工程。其中，植物保护将以田间病虫害观测场（点）建设为重点，各级植保机构要以此为契机，加强项目设计，通过添置更换先进实用的新型测报工具，加快应用农作物病虫害远程监控物联网、害虫性诱实时监测系统、农作物病害实时预警系统等新型测报技术设备，逐步实现病虫害监测由完全靠人到主要依靠机器设备的转变，为提高重大病虫害监测预警能力，并实现"测报工作不再辛苦"奠定基础。

## 第三节 物联网及其在病虫测报中的应用

随着互联网、物联网和移动互联网等信息技术的快速发展，现代科技手段正在改变传统农业的生产方式。物联网技术正触及现代农业的诸多方面，在农业资源与生态环境监测、农产品质量安全溯源以及动植物远程诊断、农产品储运、自动化节水灌溉等精细农业生产管理领域的研究和应用方兴未艾。近年来，全国植保系统和科研、教学及相关高新技术企业积极研究探索，大力开展物联网技术在农作物重大病虫害监测预警上的试验、示范工作，在重大病虫害实时视频监测、害虫性诱自动监测、气候模拟实时监测等方面做了有益的尝试，取得了一定的成效。物联网技术研发和探索试点为其在农作物重大病虫害监测预警上的应用打下了良好的基础。现代科技手段正在逐步改变传统的病虫害监测预警方式，丰富监测手段，对提高病虫害监测预警水平将发挥越来越重要的作用。

### 一、物联网的概念

物联网的概念早在2005年由国际电信联盟首次提出，即在计算机互联网的基础上，通过射频识

别（RFID）、红外感应器、GPS、RS 等信息传感设备，按照一定的通讯协议把任意物品与互联网连接起来，进行物与物之间的信息交换和通讯，以实现智能化识别、定位、跟踪、监控和管理的一种智能网络。物联网已作为一种新兴战略产业，受到世界各国和各行各业的普遍重视。

物联网一般包括感知层、网络层和应用层 3 层构架（图 1-1）。感知层是物联网通过一定的传感器等终端设备采集信息，包括二维码标签和识读器、RFID 标签和读写器、摄像头、GPS、传感器等，主要作用是识别物体、采集信息，类似于人体结构中的皮肤和五官。网络层是物联网的神经中枢和信息传递、处理层，包括通信与互联网的融合网络、网络管理中心、信息中心和智能处理中心等，用于传递和处理感知层获取的信息。应用层就是通过一定的应用系统对数据进行处理和实现再控制。物联网正是通过感知层实现对物物信息的感知和信息采集，并在网络层进行信息传输、交流，通过一定的应用系统实现智能监控和管理。

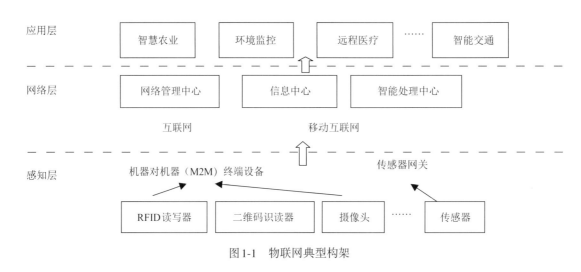

图 1-1　物联网典型构架

## 二、物联网在病虫测报中的应用现状

近年来，全国植保科研、推广及有关企业加强科研攻关和试验示范，利用物联网技术在病虫害实时视频监测、害虫性诱自动监测、气候模拟实时监测等方面做了有益的尝试，初步建立了农作物病虫害监测物联网基本构架（图 1-2）。物联网技术研发和探索试点为其在农作物重大病虫害监测预警上的应用打下了良好的基础。

### （一）病虫害远程实时视频监测

为解决病虫测报技术人员经常下地调查的难题，近年来，植保系统和一些植保科技企业开始探索远程实时视频监控技术在农作物病虫害监测预警上的应用研究，研发了一些可用于病虫害实时监控的设备和应用系统。2006 年，鹤壁佳多科工贸股份有限公司率先开发了用于农林病虫害监测的远程实时监控系统，初步实现了对农林病虫害的远程监测，并与田间小气候信息采集系统、虫情测报灯、病虫害调查统计器和光电数码显微成像系统等配合使用，设定多个可视化通道实时监测农作物的生长、病虫害发生发展动态与环境因子等，实现农作物病虫害远程实时监测。

病虫害实时监控视频系统主要由布置于田间的高清晰摄像头和远程服务器应用系统等组成。根据监测范围、要求，在田间布置不同数量的摄像头监测器，通过互联网、无线互联网等网络与远程服务器相连，实时传输田间监测画面。技术人员可通过手机或计算机操控摄像头监测器的监测范围、视角和焦距等，观察田间农作物长势以及病虫害发生情况。通过布置于田间的摄像头监测器，在网络可覆盖的地方可清晰观察到田间农作物长势，叶片上的害虫或发病情况，初步判断病虫害发生种类、发生概况等（图 1-3）。

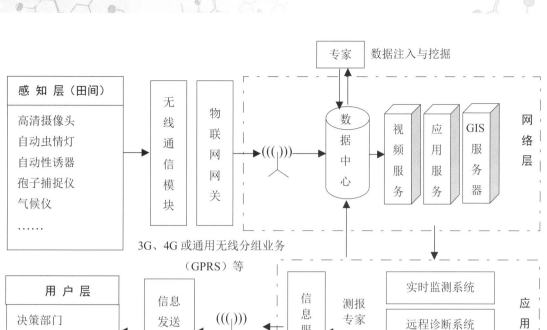

图1-2 病虫害监测预警物联网基本构架

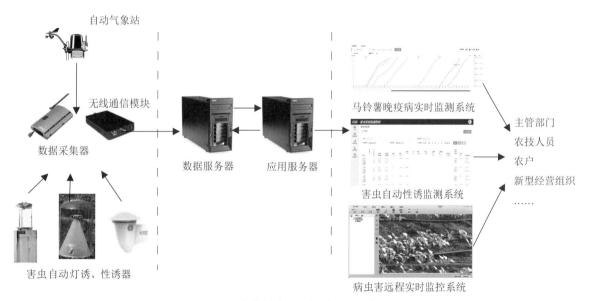

图1-3 农作物病虫害物联网监测应用实例

目前，该系统已在海南、广东、河南、北京等省份试用。内蒙古通辽等地也积极利用实时视频监控技术，实现在办公室或通过手机等移动端对田间农作物重大病虫害进行实时监测。远程实时视频监控系统的研发、示范和推广应用，可在一定程度上减轻基层测报技术人员下地的频率，有助于及时掌握田间病虫害发生概况。

（二）害虫性诱远程实时监测

害虫监测一直是基层测报技术人员的一项工作量大且费时、费工的基础工作。如何实现对害虫的自动识别、自动计数和统计分析也一直是基层测报技术人员渴望解决的问题。随着物联网技术在测报领域应用研究的深入，一些适于害虫自动监测的设备和系统相继研发并试点应用。北京依科曼生物

技术股份有限公司、宁波纽康生物技术有限公司等科技企业研发了害虫性诱远程实时监测系统，通过在害虫诱集器内放置目标害虫诱芯和害虫数量计数器，结合现代电子技术，研发集害虫诱捕、计数、分析为一体的害虫实时远程监控系统，实现害虫远程实时监控。

该系统主要是通过在田间布置不同类型的害虫性诱监测器，采用专性诱芯诱集特定种类的害虫。诱集的害虫被电击等方式触杀后触发传感器并自动计数，同时通过无线网络发送至监测技术人员手机或数据服务器，并自动分析，实现对害虫的远程实时监控（图1-3）。

目前，该系统已在江西、山东等十多个省份的二化螟、玉米螟、棉盲蝽、棉铃虫等监测对象上试点应用，虽然在一些目标害虫的田间监测上取得了一定成效，但仍需在提高害虫性诱效果和计数准确性等方面进一步改善。

（三）基于气候模拟的病害实时监测预警

近年来，利用物联网技术开展气候型流行性病害的实时监测预警取得了明显进展，基于气候模拟对马铃薯晚疫病的实时监测就是成功的一例。自2008年起，在全国农业技术推广服务中心的支持下，重庆引进比利时马铃薯晚疫病实时监测预警系统，并开发了基于互联网的马铃薯晚疫病实时监测预警系统，实时监测马铃薯晚疫病侵染、发生过程并做出预警。

该系统通过布置在田间的自动小气候仪每小时自动采集田间温度、湿度等气候数据，通过无线网络发送至网络服务器，服务器端应用程序根据模型自动计算和分析马铃薯晚疫病侵染代次、概率等，给出侵染曲线并在GIS地图上做出预警，指导田间防治（图1-3）。

目前，该系统已在重庆、甘肃、宁夏、内蒙古等地马铃薯晚疫病监测预警上推广应用，大大提高了马铃薯晚疫病监测预警的准确性和时效性，在当地马铃薯晚疫病的防控上发挥了重要作用。基于气候模拟的马铃薯晚疫病实时监测系统的成功应用，为气候型流行性病害的准确监测和预警提供了借鉴和基础。

（四）视频远程诊断与会商

农作物病虫害诊断识别是农户，甚至是植保技术人员比较薄弱的环节。灯下、大田或温室发生的病虫害种类众多，一般技术人员无法准确诊断识别。国内在这一领域的研究尚未取得实质性的突破，有必要进一步集中力量和资源研究开发农作物病虫害远程视频诊断与会商系统。目前，美国已组建了全国植物诊断网络（national plant diagnostic network，NPDN），建立了比较健全的远程视频诊断识别系统（distance diagnostic and identification system，DDIS）。河北省植保植检站也组建了植物网络医院，并在全省各市县组建分院，其中病虫害远程诊断识别是重要的功能。

农作物病虫害监测物联网研究和应用尚处在起步阶段，在病虫害实时视频监测、害虫性诱实时监测、气候模拟实时监测和视频远程诊断与会商等方面的技术研究、试验示范和推广应用上还表现出不平衡性（表1-1）。

表1-1  农作物病虫害监测物联网研究应用现状

| 类　型 | 投入成本 | 技术及应用难点 | 现　状 |
|---|---|---|---|
| 病虫害实时视频监测 | 较高 | 分辨率、监测范围受限 | 试点应用阶段 |
| 害虫性诱实时监测 | 一般 | 自动计数技术 | 试点应用阶段 |
| 气候模拟实时监测 | 一般 | 监测模型 | 推广应用阶段 |
| 视频远程诊断与会商 | 一般 | 自动诊断识别技术 | 研究阶段 |

## 三、物联网应用存在问题与应用前景分析

### （一）存在问题与建议

物联网技术将互联网与传感器等相结合，实现物物基于互联网的通信。近年来，全国植保系统

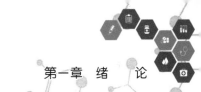

和有关企业在病虫害监测预警物联网技术研发和试点应用方面取得了一些积极进展。但是，该项技术在研发和应用过程中尚存在一些问题。

（1）病虫害物联网监测技术成熟度与推广应用预期还存在差距。虽然，物联网技术在病虫害远程实时视频监控、害虫性诱自动监测等领域开始了探索和试点应用，但是一些关键技术尚未真正突破，如害虫自动分类、准确自动计数等；针对农作物病害感知的传感技术也尚处于探索阶段，还未实现关键性突破。此外，应用物联网监测病虫害尚缺乏成熟的应用模式，特别是对大田农作物病虫害监测的物联网技术模式尚未建立，对病虫害发生影响也有待进一步探索和研究。

（2）病虫害物联网监测标准尚未建立。目前，病虫害监测物联网刚刚起步，在物联网应用的接口、接入与服务、产品设备研发等方面的标准尚未建立，主要表现为：①物联网技术，特别是传感器、电子标签等技术自身标准不统一，造成物联网设备无法通用；②物联网监测与传统病虫害监测手段的衔接等方面也尚未建立统一标准，影响历史数据对比分析；③监测数据无线传输标准缺乏，造成信息采集渠道和表示方式复杂多样，各产品监测数据无法互联，信息资源难以共享，影响物联网效能发挥，亟须研究建立一套统一的农作物病虫害物联网监测技术标准。

（3）病虫害物联网监测预警统一的系统平台尚未建立。由于现有物联网监测技术尚处于试验、示范阶段，加上病虫害物联网监测产品间缺乏统一的数据无线传输标准，现有病虫害物联网监测数据及其分析多依托于相关产品的研发企业，信息系统无法互联互通，缺乏统一的物联网监测预警系统平台。在建立相关标准的基础上，植保系统亟须研究开发统一的病虫害物联网监测预警系统平台，通过统一的物联网监测技术标准和数据传输标准，打造病虫害物联网监测数据分析和预警平台。

（4）病虫害物联网监测费用高，推广应用难度大。物联网技术属于高新技术，产品技术含量高，相关设备及网络接入价格高昂。加之其在病虫害监测领域尚处于起步和试点阶段，应用成本相对较高。病虫害监测具有特殊性，又需要一定的覆盖面和代表性，在技术成熟和成本降低前，大范围推广应用尚存在困难。

（5）测报技术人员物联网应用技术水平普遍偏低。物联网技术是互联网技术、传感技术、应用系统等集成的高科技技术。目前，病虫测报系统人员总体上缺乏应用该项技术的能力，亟须加强有关方面的技术培训。

### （二）应用前景分析

虽然物联网技术在病虫害监测领域尚处于起步和试点阶段，也存在一些需要进一步探索和研究的问题；但是，物联网技术作为一项新兴技术方兴未艾，正在改变着各行各业的生产方式，受到越来越多的重视。我国是农业大国，目前倡导的现代农业与物联网技术结合有着巨大的需求空间。在农作物病虫害监测预警领域，可以借助物联网技术，进一步改进病虫害监测手段，提高病虫害监测能力。

（1）在常发病虫害发生监测方面，可通过进一步提高摄像头的精度、云台的灵活性以及对病虫害监测的适应性，研究适合不同农作物、病虫害在农作物不同分布位置的摄像头及云台设备，明确每个摄像头的有效监测范围和田间布置方式，逐步实现对田间常发病虫害发生发展情况的远程监测。

（2）在重大病虫害系统监测方面，着重解决病虫害自动分类、自动计数等关键技术，通过在病虫害观测场安装自动虫情测报灯、害虫自动性诱监测仪、自动孢子捕捉仪、高清摄像头等终端监测设备，实现对重大病虫害的远程系统监测。

（3）在未知病虫害远程诊断方面，在解决病虫害自动识别等关键技术的基础上，利用物联网技术开展未知病虫害远程诊断具有很大的应用空间。

（4）在气候型病虫害实时监测方面，在总结马铃薯晚疫病物联网实时监测的基础上，加强稻瘟病、小麦赤霉病、番茄晚疫病等受气候影响较大的病虫害发生流行模型的研究，利用田间小气候自动监测仪，实时监测农作物发病关键生育时期、病害侵染状况以及害虫发育进度等，实现对病虫害的实时监测预警。

近年，利用物联网技术实时监测马铃薯晚疫病已经取得明显成效。为探索和促进物联网技术在农作物重大病虫害监测预警上的应用示范，农业农村部已选择山东、甘肃等地针对蝗虫、马铃薯晚疫病的物联网监控进行试点。随着现代科技的快速发展，物联网技术将进一步熟化和实用化。加强研究和加大该技术在病虫害监测预警领域的应用，可大大提高病虫害监测的自动化，减轻技术人员劳动强度，在病虫害远程实时监测、远程诊断、自动计数、自动识别、智能预警和防控指挥等领域应用前景广阔。

（三）推进措施

（1）明确工作思路。物联网技术是一种集互联网、无线互联网，以及电子、通信和大数据等技术的新兴技术，研发成本投入大、技术水平要求高，在农业领域的应用也还处在起步阶段。在病虫害监测预警领域，应按照"研究示范、稳步推进"的思路，结合病虫害监测预警需要，以需求为导向，选择技术上容易突破、应用上容易推广的物联网技术和设备；加大资金投入力度，大力开展科研、企业和推广部门联合攻关，标准先行。

（2）加强技术研究。组织全国植保科研、教学、生产管理部门的专家和有关研发企业，以物联网设备为载体，通过设立科研项目、成立项目协作组等切实有效的形式，深入研究病虫害发生流行规律及机理，研究建立重大病虫害监测预警模型，研发害虫或病原菌自动识别、自动计数等技术，研究通用、标准的病虫害监测物联网网关、数据通信模块等。同时，注重技术和信息安全，强化在感知、传输、应用等环节的信息安全技术研究和管理。

（3）加强试验与示范。目前，宜选择技术相对成熟，经研究后可用于病虫害物联网监测的技术。在不同生态区、农作物、病虫害种类上加大试验与示范力度，强化问题导向。在试验过程中逐步改进，熟化后进行示范和推广应用。同时，注意与传统监测手段的衔接，开展与传统监测手段的对比分析工作。

（4）加强技术培训。及时总结相关监测技术经验，开展有关病虫害物联网监测的专项技术培训。培训技术、交流经验，将每项现代监测技术真正落实到基层测报技术人员。

# 第二章　害虫灯诱自动监测物联网

## 📅 第一节　害虫灯诱测报技术

### 一、害虫灯诱的主要影响因素

部分害虫具有一定的趋光性，不同种类昆虫因其生活习性不同，在趋光性上对不同波长光的选择也不同。光源波长、光的偏振性、光照度与昆虫性别、昆虫发育、节律性，以及外部环境对灯诱都会产生一定的影响。

#### 1. 光因素

在光源波长方面，大多数趋光性昆虫对单色光具有较强烈的反应，昆虫成虫的复眼含有接受紫外光、绿光和蓝光的视紫红质，一般情况下昆虫的光谱反应敏感区主要集中在紫外光区、蓝光区和黄绿光区，但每种昆虫对这3个区域内具体的波长偏好存在差异。Duafy对8种夜蛾分别进行了3～5种波长（365～675nm）的趋光性比较，发现365nm、450nm、525nm等波长监测效果较好。陈小波等通过对棉铃虫趋光行为的观察也发现，其对不同波长的选择性不同。在光照度方面，一般昆虫的趋光行为随光照度的增强而逐渐增强。不同光照度的荧光灯刺激下，棉铃虫、斜纹夜蛾的趋光率随光照度增强而增高。在光的偏振性方面，光是一种横波，照射到物体上时会导致振动面发生变化，其中某一个方向的振动会增强或减弱。麦红吸浆虫对线偏振光有较强的偏好性，铜绿丽金龟对非偏振光趋光反应率明显高于圆偏振光和线偏振光。

#### 2. 昆虫因素

昆虫性别对诱集效果的影响可能与昆虫的飞行能力、复眼结构、交配行为以及光源等有关。大黑鳃金龟、暗黑鳃金龟等对绿光趋性均表现出雌性强于雄性，而玉米螟对365 nm紫外光和405 nm紫光趋性表现出雄性强于雌性。昆虫发育也对诱集效果产生影响，不同日龄成虫的趋光行为也不相同。3日龄棉铃虫成虫的趋光率最高，草地螟成虫随蛾龄的增加趋光率明显升高。

#### 3. 环境因素

温度、湿度、降水、气压等环境因素，对昆虫生存造成影响的同时，也影响昆虫的成虫趋光行为。温度、湿度和降水情况与诱虫量有显著的相关性，温度表现为明显的正相关关系，而湿度和降水情况则呈负相关关系。夜间降水量和平均气温是影响白背飞虱扑灯的主要因素，降水大和气温低有利于白背飞虱扑灯。风速是影响褐飞虱扑灯的主要因素，当风速为0.3～1.5m/s时，褐飞虱可逆风扑灯；当风速为1.50～3.08m/s时，褐飞虱可顺风扑灯；当风速大于3.08m/s时，褐飞虱扑灯行为受到抑制。

#### 4. 节律性

昆虫的趋光行为存在明显的节律性，多数昆虫集中在灯亮后0.5～1.5h内上灯。测报灯的开灯时间应根据当地特定农作物上的靶标害虫的成虫发生期确定，避免无意义的开灯而杀害天敌益虫。针对特定害虫的诱捕可在常年每个世代成虫始见前5d开始，终末后5d结束。昆虫在夜间上灯也存在节律

性，大多数昆虫的上灯高峰时长为1～4h。该时段内诱捕器对害虫的捕获率为80%以上，且上灯高峰时段因害虫种类而有差异（表2-1）。

表2-1　部分害虫的上灯时段

| 靶标害虫 | 上灯时段 | 靶标害虫 | 上灯时段 |
| --- | --- | --- | --- |
| 褐飞虱 | 20：00～21：00 | 甜菜夜蛾 | 01：00～04：00 |
| 二化螟 | 21：00～00：00 | 暗黑鳃金龟 | 20：00～23：00 |
| 小菜蛾 | 20：00～00：00 | 铜绿丽金龟 | 20：00～00：00 |
| 棉铃虫 | 21：00～23：00 | 玉米螟 | 20：00～00：00 |
| 豆野螟 | 20：00～22：00 | 斜纹夜蛾 | 23：00～03：00 |

## 二、虫情测报灯的发展

虫情测报灯随着人们对害虫与灯光认识的深入和测报工作实际需求而逐步发展。光源方面从白炽灯、黑光灯、汞灯、发光二极管（LED）等，到复合光等。从简易的测报灯，到利用自动化技术实现收集袋自动换挡，再到实现远程控制，减少技术人员下田频次。随着无线网络和图像识别等技术的发展，测报灯已逐步发展为智能虫情测报灯。

### 1.白炽灯诱虫

20世纪50年代，基于人们对昆虫趋光现象的认识，白炽灯成为我国此阶段重要的灯光诱虫设备。但白炽灯对害虫的诱集效果有限，仅能诱杀少部分害虫。

### 2.黑光灯诱虫

20世纪60年代初期，研究发现大部分昆虫对紫外光有较强的趋性，诱集效果明显好于白炽灯光，开始在测报上得到广泛应用。但黑光灯的主要波长为紫外波段，穿透能力弱，光强衰减较快，诱杀害虫能力有限，对昆虫的诱集选择性差。

### 3.高压汞灯诱虫

高压汞灯具有诱虫谱广、亮度大、穿透力强、辐射面大等优点，可用于对玉米螟等害虫的监测，后来发展为高空测报灯，用于迁飞性害虫的监测。

### 4.频振式灯诱虫

20世纪90年代，研究发现昆虫对特定波长的光源趋性存在差异。鹤壁佳多科工贸股份有限公司在总结了白炽灯、黑光灯、高压汞灯的优缺点的基础上，研制生产出频振式杀虫灯，使灯光诱虫取得重要进展，并辅以自动化技术实现7d自动切换集虫袋或远程控制等。该灯具采用不同波长的光源，辅以颜色和气味诱集某些靶标害虫靠近灯具后高压电网击杀害虫，已得到广泛应用。

### 5.LED灯诱虫

LED灯波长范围窄、光色单一、亮度高、能耗低、寿命长，大大提高了靶标害虫的诱集率，降低了对天敌和中性昆虫的潜在伤害。

### 6.智能虫情测报灯

随着无线网络、图像识别等技术的发展，在频振式测报灯的基础上，增加远程定时拍照、图像识别、无线传输等功能，实现通过互联网实时查看灯诱害虫情况。目前，该灯应用的主要局限在于尚没有完全解决图像识别问题。

## ⊞ 第二节　智能虫情测报系统

### 一、智能虫情测报灯的结构及特点

#### （一）测报灯结构

作为害虫灯诱自动监测物联网的田间数据采集终端，智能虫情测报灯主要由不同光波的光源灯管、传感器、图像采集器、接虫袋，以及光、电等控制设备等构成（图2-1）。

#### （二）主要性能特点

（1）远程自动拍照识别计数。内置高清照相机，可根据设定时间，定期拍摄诱集到的昆虫，在办公室或其他任何有互联网的地方实时查看害虫灯诱情况。拍照后自动将虫体扫进当日的收虫袋。

（2）远红外光杀死诱捕昆虫。采用远红外光杀死诱捕到的昆虫，成本低、虫体受损小，便于辨认虫体和查清虫量；丢弃的虫体不会污染环境。

（3）光、电、数控。根据昆虫生活习性（可加装时间设定装置，对目标昆虫进行定时诱集），夜间自动投入工作，白天自动停止，节省电力消耗，延长设备使用寿命。

图2-1　智能虫情测报灯的结构

（4）雨控。遇到下雨天气，自动对雨水进行导流，保证测报灯在雨天正常工作。

（5）无人值守。设有8个接虫袋，每夜诱杀的虫体接收于一个袋中，天亮时测报灯自动转换到下一个接虫袋。在无人值守的情况下，能自动存放8d的虫体。

### 二、应用技术方法

#### （一）灯管更换

将灯管拧下，更换新的灯管。灯管一般一年更换一次。

#### （二）虫体收集

仪器在拍照后自动将虫体扫进当日接虫袋。基层植保技术人员应定期收集诱集的害虫虫体。旋转接虫袋可将其卸下，收集虫体，带回室内分类识别或进行处理。

#### （三）图像采集设置

通过物联网数据分析系统设置图像采集时间。

#### （四）测报灯收灯与维护

测报灯在年度工作完成后应收灯妥善存放，以备翌年使用。收灯时，应将撞击屏、机体、捕虫漏斗、机体内的大小盘等擦拭干净，机体应避免接触酸等腐蚀性物质，以延长使用寿命。测报灯存放地要保证阴凉干燥，严禁强力挤压机体，以防漏斗、仓体等变形。室内存放时，应用机带包装布包好；室外存放时，应用防腐蚀雨篷遮盖。

### 三、应用系统平台

#### （一）网络版应用系统平台

智能虫情测报灯监测虫情信息的查看、分析，需要使用应用系统平台。在浏览器中输入网址

http://www.ccpmis.org.cn，进入全国农作物病虫害实时监控物联网，点击"虫情信息"（图2-2）。

图2-2　全国农作物病虫害实时监控物联网主要功能

### 1.选择监测点及监测时间

在地图上点击某监测点，进入系统主界面，左边为监测点及监测日期选择。选择要查看的监测日期，点击"查看图片"或"虫情详情"查看虫情监测情况或具体的害虫种类和数量（图2-3）。

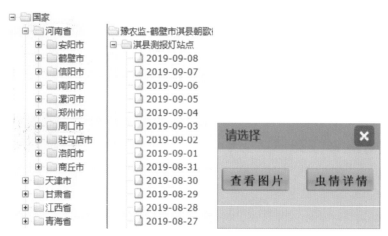

图2-3　选择监测点、日期及查看方式

### 2.查看虫情

打开选定日期的虫情监测界面（图2-4），选择需要查看虫情的时间，浏览智能虫情测报灯诱集的昆虫照片，可利用鼠标滚轮进行放大、缩小、移动等操作。

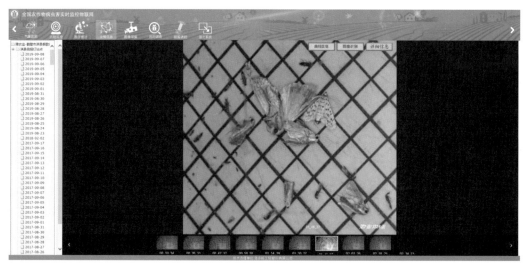

图2-4　虫情监测界面

鼠标右击虫情图片，点击"全屏查看""图片另存为……"或"打印图片"，可分别实现相应操作，查看害虫灯诱详细信息、动态曲线信息等。在开通图像识别功能的前提下，可实现害虫图像自动识别（图2-5）。

图2-5　害虫识别与虫情分析

**（二）桌面版应用系统平台**

在ATCSP桌面软件内打开"佳多虫情信息采集系统"，如点击选择"河南省鹤壁市浚县卫溪街道监测站"，查看害虫灯诱情况（图2-6）。

图2-6　选择监测站点

**1.查看虫情**

在系统页面左侧，选择要观测虫情的日期，右侧下部为当日不同时间采集的图片，选择某个时间观测诱集害虫情况。点击右上侧的"图片下载"可将当前图片下载到本地（图2-7）。右上侧的功能

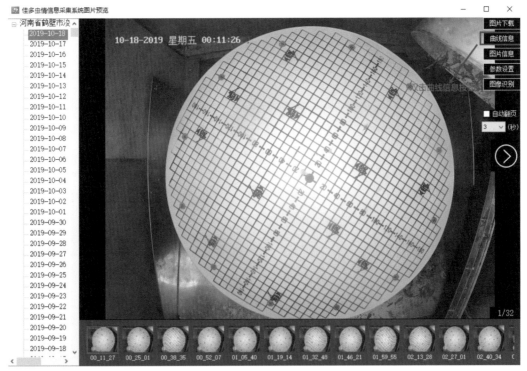

图2-7　远程观测灯诱虫情

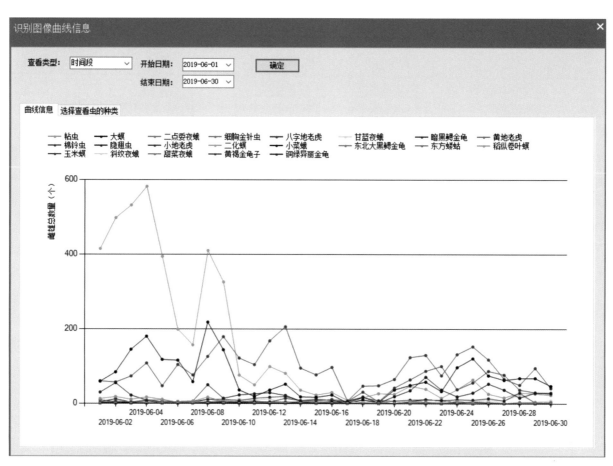

按钮还可实现查看图片信息、参数设置、图像识别、虫情动态分析等。

**2.查看虫情详细信息**

点击右上角的"图片信息",在人工或自动识别标记害虫信息的基础上,可查看当前选择图片的虫情详细信息(图2-8)。

**3.虫情动态**

点击右上角的"曲线信息",设定害虫类别、时间段,查看某一时间段虫情动态曲线(图2-9)。

图2-8 查看虫情详细信息

图2-9 查看虫情动态

**4.图像识别**

点击右上角的"图像识别",可对当前图片上的害虫进行识别(图2-10)。当有已识别的图片时,可点击"识别信息"进行查看(图2-11)。

**5.参数设置**

点击右上角的"参数设置",可查看当前设备运行状态,查看或设置工作参数,远程控制田间的测报灯(图2-12)。

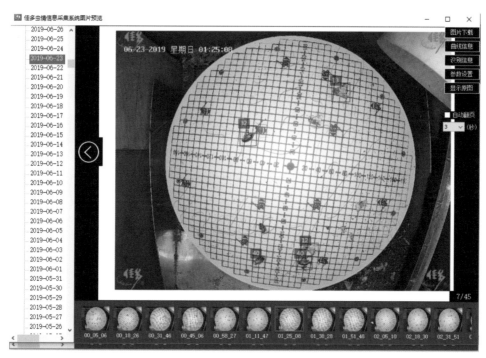

图 2-10　识别害虫图像

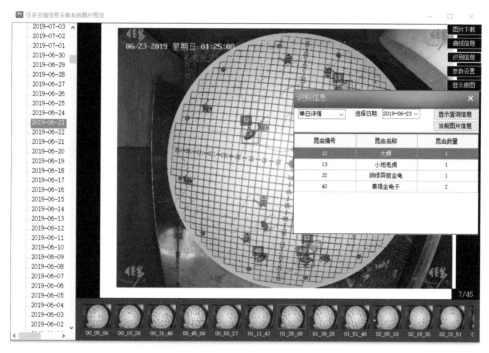

图 2-11　查看识别害虫信息

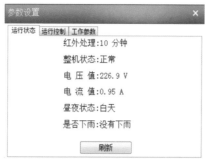

图 2-12　参数设置

# 第三章　害虫性诱自动监测物联网

## 🗓 第一节　害虫性诱测报技术

### 一、害虫性诱基本原理

利用性成熟的昆虫成虫释放特异的气味物质引诱同种异性昆虫，将含有能使人工合成的昆虫性信息素化合物（性诱剂）稳定、均匀、持久释放的载体材料（诱芯）放入诱捕器，引诱寻求交配的同种异性成虫，并将其诱集到诱捕器中，以期达到对靶标害虫的测报目的（图3-1）。

群集诱杀法是将人工合成的化学信息素混合物加在基质中，置于田间并使之缓慢、均匀释放以引诱雄蛾，并用特定物理结构的诱捕器捕杀靶标害虫，从而降低雌雄蛾交配，减少后代种群数量，从而达到防治目的。

化学信息素群集诱杀技术装置由诱捕器、诱芯和接受袋组成。由于不同害虫的行为习性不一样，要选择相对应的合适

图3-1　害虫性诱原理

诱捕器，诱芯和诱捕器必须配套使用。诱捕器可以重复使用，平时只要在使用一段时间后更换诱芯即可。

性诱技术用于病虫测报具有明显的优势。一是靶标专一。只引诱目标害虫，不需专业人员进行害虫鉴定，利于害虫的种类调查，如玉米田中亚洲玉米螟、棉铃虫、桃蛀螟和大螟的区分。同时，也便于开展群众测报。二是解决弱光性害虫测报的难题。生产上有一些害虫如稻纵卷叶螟、斜纹夜蛾、棉铃虫、豆野螟等趋光性弱，常规灯诱测报准确性不高，性诱测报能弥补灯诱的不足。三是灵敏度高,动态曲线峰形明显、清晰，特别是对越冬代的监测更为明显。而且，性诱到的害虫均为性成熟的昆虫，能实时反映自然状态下的昆虫生理状态。四是受环境（灯光、农作物等）和人为干扰影响小。五是使用方便、成本低，宜多点精准测报，以及实现害虫测报自动化和智能化。

### 二、性诱测报技术

近年来，性诱测报技术发展较快，在性诱剂组成和释放技术、诱捕器开发及标准化等方面取得明显进展。在诱芯方面，主要解决了信息素化合物的合成纯化技术，明确不同类型性诱剂组成、配比、剂量，提高性诱剂配比专一性和标准化，改进其释放技术，保证性诱剂的稳定性和诱芯信息素释放的均一性，并明确地理区系差异。在诱捕器研发方面，主要通过对昆虫飞行轨迹的观察和分析，研发了干式新型飞蛾诱捕器（倒置开放式漏斗诱捕器）和改进版反向三漏斗诱捕器。新型飞蛾诱捕器具

有诱捕率高、操作简便、维护方便、不需加水、省工省力、成本低等优点,对二化螟、三化螟、稻纵卷叶螟、棉铃虫、烟青虫、玉米螟、桃蛀螟、二点螟、大螟、条螟、二点委夜蛾、黏虫等害虫有良好的诱捕效果。

### 1.选择田块

在当地主要寄主农作物的整个生育期或害虫主要发生期进行监测。选择种植主要寄主农作物、比较平坦的田块设置诱捕器,田块面积不小于 $5 \times 667m^2$;或者选择适于成虫栖息的杂草等环境设置诱捕器。对多食性害虫应依据代次、区域的不同及时更换诱捕器设置田块。如棉铃虫在黄淮、华北地区,二代主要为害棉花,三、四代主要为害棉花、玉米、蔬菜等。

### 2.诱捕器放置

(1)低矮作物田。对水稻、棉花、大豆、蔬菜以及苗期玉米等低矮作物田,诱捕器应放置在观察田中。每块田放置3个,相距至少50m,呈正三角形放置。每个诱捕器与田边距离不少于5m(图3-2)。

(2)高秆作物田。对成株期玉米等高秆作物田,诱捕器应放置于田边方便操作的田埂上。3个重复可放置于同一条田埂上,两者相距至少50m,呈直线排列。每个诱捕器与田边相距1m左右。田埂走向需与当地季风风向垂直(图3-3)。

(3)放置高度。夜蛾类害虫的诱捕器进虫口应离地面1.2m。螟蛾类害虫的诱捕器放置高度根据寄主农作物和害虫种类而定,具体高度见表3-1。

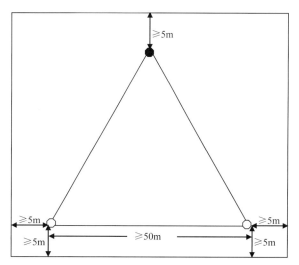

图3-2　低矮作物田性诱捕器放置方式

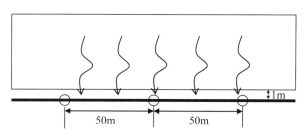

图3-3　高秆作物田性诱捕器放置方式

表3-1　螟蛾类害虫诱捕器放置高度和监测期

| 害虫种类 | 放置高度 | 监测期 |
|---|---|---|
| 稻纵卷叶螟 | 水稻秧苗期,放置高度50cm;水稻成株期,诱捕器底边接近水稻冠层叶面 | 4—10月 |
| 二化螟 | 水稻拔节前高于水稻冠层10～20cm;水稻成株期,诱捕器底边接近水稻冠层叶面 | 4—9月 |
| 三化螟 | 水稻拔节前高于水稻冠层10～20cm;水稻成株期,诱捕器底边接近水稻冠层叶面 | 4—9月 |
| 大螟 | 离地面1m | 4—9月 |
| 黏虫 | 离地面1m左右或高于植物20cm | 4—9月 |
| 草地螟 | 比植物冠层高出20～30cm | 5—8月 |
| 二点委夜蛾 | 离地面1m(或比植物冠层高出20～30cm) | 4—9月 |
| 亚洲玉米螟 | 离地面1.5m(或比植物冠层高出10～20cm) | 5—9月 |
| 粟灰螟 | 离地面1m | 5—8月(北方谷子) |
| 高粱条螟 | 离地面1m | 5—8月 |
| 桃蛀螟 | 离地面1m | 5—9月 |
| 棉铃虫 | 离地面1m左右(或高于植物20cm) | 5—9月 |

（续）

| 害虫种类 | 放置高度 | 监测期 |
|---|---|---|
| 红铃虫 | 离地面1m（或高于植物20cm） | 5—9月 |
| 烟青虫 | 离地面1m | 5—9月 |
| 豆荚螟 | 离地面1m | 4—10月 |
| 豆野螟 | 离地面1m | 5—10月 |
| 瓜绢螟 | 离地面1m | 4—9月 |
| 茶毛虫 | 离地面1m（或高于植物20cm） | 6—8月 |

注：各地可根据害虫发生期调整性诱监测期。

（4）安全间隔距离。不同害虫性诱捕器若要进行组合排列，尤其是同一寄主农作物上的不同害虫性诱捕器（如二化螟和稻纵卷叶螟），诱捕器至少相距50m以上。

### 3.诱芯保存和使用

诱芯应存放在较低温度（−15 ～ −5℃）的冰箱中，避免暴晒，远离高温环境。使用前才能打开密封包装袋，打开包装后最好尽快使用包装袋中的所有诱芯，或放回冰箱低温保存。不应使用保存超过6个月的诱芯。

安装多种害虫的诱芯时，应每种诱芯依次安装。每安装完一种诱芯后应更换一次性手套或洗手，再安装另外一种诱芯，避免不同诱芯交叉污染。

诱芯每20 ～ 40d更换一次。更换下来的旧诱芯不能随意丢弃，需回收集中处理。

### 4.调查和记录方法

在整个监测期内，每日调查记录每个诱捕器内的诱虫数量。如有需要，应记录夜间（当日18:00至翌日6:00）的平均气温、降水量、风力和风向等天气要素。调查结果和天气要素记入害虫性诱情况记录表（表3-2）。

表3-2　害虫性诱情况记录表

| 调查日期 | 调查地点 | 害虫种类 | 害虫代别 | 农作物种类和生育时期 | 诱捕数量（头／台） | | | 天气要素 | | | | | 备注（有无大规模用药等） |
|---|---|---|---|---|---|---|---|---|---|---|---|---|---|
| | | | | | 诱捕器1 | 诱捕器2 | 诱捕器3 | 平均气温（℃） | 相对湿度（%） | 降水量（mm） | 风向 | 风力（级） | |

……

## 三、性诱测报的影响因素

### 1.生物因子

诱芯在田间释放性信息素，会受田间农作物或周边植物气味的影响。不同昆虫种类相互之间也有影响，如二化螟和稻纵卷叶螟、斜纹夜蛾和小地老虎之间都会相互影响对方的诱捕效果。因此，在田间同时监测多个靶标害虫时，需要分别设置不同的诱捕器和不同的诱芯，即1个诱捕器内只能放置1种害虫的诱芯。若将多种害虫诱芯放置于同一诱捕器内，性信息素会相互干扰，影响诱捕效果，甚至无法诱捕到靶标害虫。一些昆虫羽化后的特殊生活习性，也会影响诱捕效果，如亚洲玉米螟羽化后会飞到附近的花草上补充营养。

### 2.非生物因子

（1）温度。雄蛾对性信息素的反应受温度影响较大。害虫交配适宜温度为20℃左右，高于适宜温度，雄蛾对性信息素反应随之下降，田间诱捕量下降。

（2）湿度。湿度影响昆虫交配行为，因此也影响性信息素的诱捕率。

（3）光周期和光照度。光周期和光照度影响昆虫交配行为和节律，从而影响诱捕率。

（4）风速和风向。性信息素依赖风扩散和传播，风速影响其扩散范围以及昆虫的飞行，风向影响其扩散区域。

（5）诱捕器设置高度。由于昆虫的飞行习性，一般昆虫都有其独特的飞行高度，因此田间诱捕器的设置高度是影响诱捕效果的一个重要因素。

## 第二节　昆虫性诱电子智能测报系统

"赛扑星"昆虫性诱电子智能测报系统，利用昆虫性诱技术，采用符合国家农业行业标准的害虫信息素诱芯和诱捕器诱集害虫，结合红外线感应、微电子技术、GPRS数据传输技术、物联网技术等实现对靶标害虫监测数据的自动采集、无线传输和智能化管理。

### 一、电子智能性诱捕器及其性能

#### （一）诱捕器的结构

昆虫性诱电子智能测报系统包括计数系统和无线传输系统（图3-4）。其中，计数系统即田间终端，主要由诱捕器、主控制器、传感器、供电太阳能板、支架等部分组成。无线传输系统即网关。计数系统将诱捕器诱集的害虫数量定时、定点传送至网关，网关在接收终端监测数据的同时，实时获取本地的温度、湿度、风速、光照度、土壤湿度等气象因子数据，并通过无线通信GPRS将采集的数据传送至服务器进行分析处理。

基于不同害虫的行为特点，诱捕器不同，主要有飞蛾类诱捕器、夜蛾类诱捕器等。

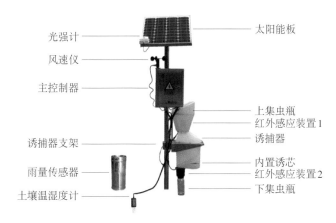

图3-4　昆虫性诱电子智能测报系统的田间终端结构

（1）飞蛾类诱捕器。适于监测二化螟、大螟、稻纵卷叶螟、三化螟、棉铃虫、亚洲玉米螟、黏虫、条螟、桃蛀螟、草地螟、向日葵螟、瓜绢螟、红铃虫、甘蓝夜蛾、烟青虫、棉黄螟、茶尺蠖、茶细蛾、二点螟、黄螟、白螟、台湾稻螟、欧洲玉米螟、稻苞虫、显纹卷叶螟、黄杨绢野螟、美国白蛾等害虫。

（2）夜蛾类诱捕器。适于监测小地老虎、斜纹夜蛾、甜菜夜蛾、大豆食心虫、黄地老虎、八字地老虎、舞毒蛾、豆荚螟、豆野螟等害虫。

#### （二）诱捕器的性能特点

一套主系统网关可在其周围1 200m（无障碍物）的范围内，最多控制8个田间终端系统。

同时，可实现多种参数采集。系统除能准确记录害虫数量等基本参数外，还能根据用户需求记录降水量、光照度、土壤温湿度等各类气象参数，并将所有数据通过GPRS网络上传到后台服务器，用户通过手机软件（App）客户端登录或通过网页登录即可查看相关数据。

## 二、诱捕器的安装与维护

### 1.安装

（1）诱捕器设置高度。由于昆虫的飞行习性不同，一般昆虫都有其各自的飞行高度。因此，田间诱捕器的设置高度是影响诱捕效果的一个重要因素。

（2）选点是设备监测的关键。诱虫量直接与当地独特的小环境密切相关（监测的地块），包括防治用药水平（虫口基数）、近距离有无使用同种性诱剂进行防控等，所以选点要注意以下4项：①最好选择四周围绕的都是该农作物；②避免选在乡村主干道路边；③安装地势与农作物基本保持同一高度；④监测点近距离避免同种诱芯相互干扰。

（3）安装前需先做好水泥基座。挖长、宽、深分别为40cm、40cm、50cm的土坑，将十字U形预埋螺杆放入坑中，最上端高出地面10cm，倒入水泥填满土坑即可，凝固5～10h即可安装设备。

### 2.日常维护与保养

（1）开机与关机。当监测季节已过时，设备清理后人工关机，减少设备损耗、降低成本。

（2）定期更换诱芯。在监测季节，建议20d左右更换一次诱芯，在高温高湿的夏季，可适当缩短更换天数以保持对靶标害虫的持续高效引诱。

（3）实时清理诱捕器。更换诱芯时关机同步清理，避免重复计数。

## 三、应用技术方法

### （一）诱芯更换

通过移动端App系统选择续用或更换诱芯。诱芯每20～40d更换一次或根据诱芯使用说明定期更换。更换下来的旧诱芯不能随意丢弃，应回收集中处理。更换诱芯时，应将下集虫器拧下，戴一次性手套更换。每更新完一种诱芯后应更换一次性手套或洗手，再安装另外一种诱芯，避免不同诱芯交叉污染。

### （二）虫体收集与处理

对于飞蛾诱捕器，定期扭转上集虫瓶、下集虫瓶，将其卸下倒出虫体。

## 四、应用系统平台

### （一）网络版应用系统

在浏览器打开昆虫性诱智能测报系统（http://www.smtrap.com），选择左侧的"实时动态""地理信息""数据统计"等功能，实时查询、统计和分析害虫性诱情况。

### 1.查看实时虫情

实时查看某区域监测点害虫性诱监测情况，可选择查看一种或多种害虫的当天、近3天、近一个月的虫情（图3-5）。

图3-5　某区域害虫性诱情况列表

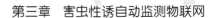

点击每个性诱器监测设备，分别点击 ≡ ↴ 🗎 🗋 链接，可进一步查看虫情详情、天气情况（图3-6）、诱芯使用情况（图3-7）和电池电量情况。在虫情详情内，可查看一定时间范围内的虫情动态（图3-8）。

图3-6　监测点天气情况

图3-7　诱芯使用情况

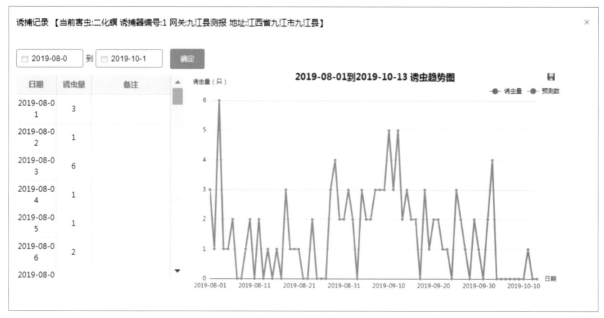

图 3-8　虫情动态

## 2.虫情分析

（1）单台设备不同时间段数据比较分析。系统可对某监测点单台性诱器不同时间段的虫情监测情况进行比较分析（图 3-9）。

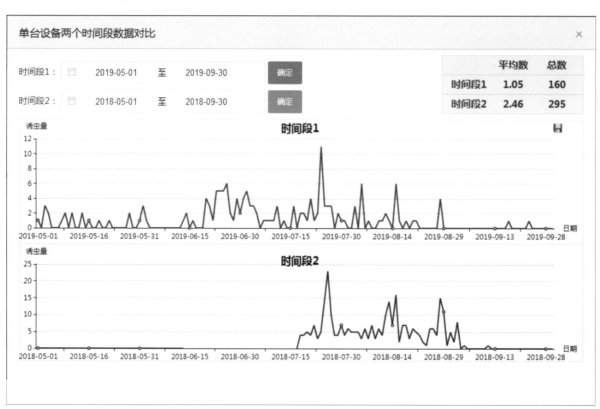

图 3-9　单台设备不同时间段害虫性诱情况比较分析

（2）区域虫情对比分析。选择分析区域、害虫种类和时间范围，可以比较分析区域一定时间内的害虫性诱虫量情况（图 3-10）。

## 3.添加监测点

填写添加监测点的具体信息，如登录信息、单位及联系人信息等（图 3-11）。

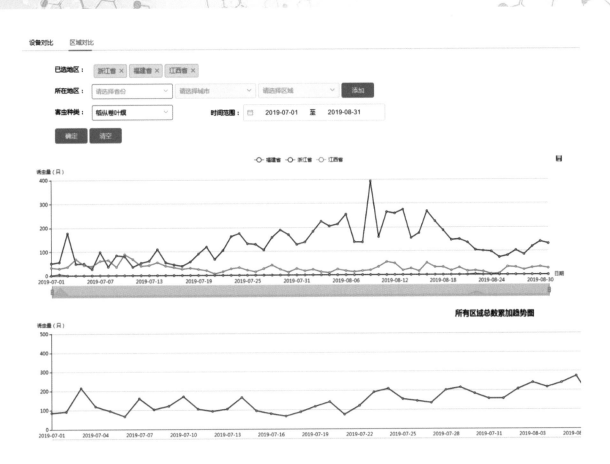

图 3-10　区域虫情对比分析

### （二）移动端应用系统

从 www.smtrap.com 网址下载安装移动端 App 并登录，查看性诱害虫动态、性诱捕器工作状态、诱芯情况，以及监测点温湿度等。

登录 App 后，系统显示诱捕器当前状态（在线或离线），以及该监测点害虫虫量、温湿度等信息（图 3-12）。

系统可自动或根据用户需求生成实时的害虫诱捕记录曲线或不同时间尺度（年、月、日）的害虫诱捕情况曲线（图 3-13）。

系统可自主记录诱芯有效期，当诱芯即将失效时，定时提醒用户续用或更换诱芯（图 3-14）。

已添加性诱捕器设备的用户，可对本地区的监测设备进行各类设置、管理。如修改网关、诱捕器名称，修改所属设备的测报点名称等（图 3-15）。

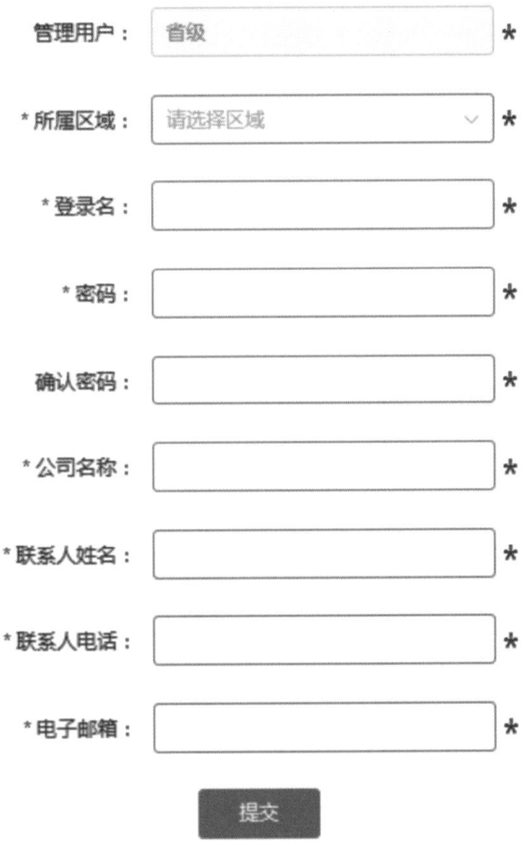

图 3-11　添加监测点

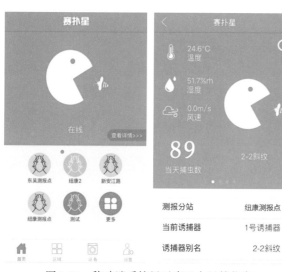

图 3-12　移动端系统显示当天虫量等信息

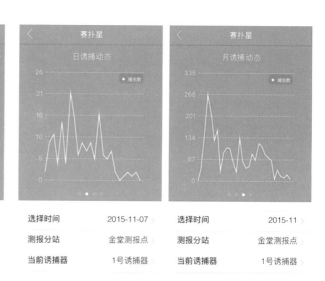

图 3-13　害虫性诱动态

图 3-14　诱芯使用管理

图 3-15　修改诱捕器名称

# 📅 第三节　害虫远程实时监测系统

闪讯TELEMO®害虫远程实时监测系统（以下简称闪讯系统），集害虫诱捕、数据统计、数据传输、数据分析为一体，实现了害虫的诱集、分类统计、实时报传、远程监测、虫害预警的自动化、智能化。

## 一、诱捕器的结构与性能

闪讯系统是北京依科曼生物技术股份有限公司推出的新一代害虫自动测报系统。该系统的田间终端主要包括诱捕装置、环境监测器、数据处理系统、传感设备和供电系统（图3-16）以及数据传输系统、客户端、终端主控平台等。

### 1.诱捕装置

诱捕装置主要包括以下几个部分：诱捕器、诱芯支架、害虫诱杀装置等相关附件。

### 2.环境监测器

环境监测器是对闪讯系统的运行环境进行气候因子的监测。该系统大部分元件以外置形式工作，其监测内容包括降水量、环境温度、环境湿度、气压、光照度、土壤水分等内容（不同版本配置可能

不同）。

### 3.数据处理系统

储存靶标害虫被诱捕装置诱杀次数和时间等数据，并根据用户要求对储存数据进行汇总、处理和初步分析。

### 4.数据传输系统

该设备集成在数据处理器保护盒内，利用通信技术如：无线通信系统、微波通信系统、移动通信系统或者卫星移动通信对处理后的数据进行传输，保证用户及时接收靶标害虫监测信息。

### 5.供电系统

供电系统主要由太阳能电池板及蓄电池组成，保证系统在田间野外环境中自行获取自然能源，维持系统长期运作。太阳能电池板组件表面层采用高透光绒面钢化玻璃封装，有很高的光学透过率，同时减少光的反射，提高光伏组件转换效率。

### 6.客户端

根据不同的客户需求偏好，终端可以采取

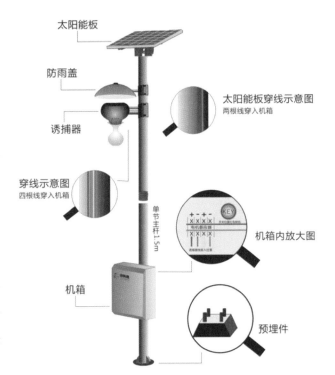

图3-16　害虫远程实时监测系统田间终端的结构

平板电脑、手机、计算机等任何接入全球移动通信系统（GSM）或者因特网（Internet）网络的设备。主要用来及时接收处理系统发送的数据、发送指令等，与监测系统进行远距离交互。

### 7.终端主控平台

终端主控平台主要用于对监测信息进行接收和二次处理。信息传输到终端主控平台操作系统后，主控平台自动进行数据的存储、分析，根据历史数据或预先设定的阈值进行虫情预警。

### 8.支架

主要用于各个组成部分的固定，材质为不锈钢，其支撑轴为可伸缩的不锈钢管，高度调节范围为1.5～4.5m。

## 二、诱捕器的安装

闪讯系统在温度处于-10～60℃的林地、田间、仓库等各种环境下都可正常使用。

安装时应防止硬质物体对设备造成过分地冲击和碰撞，以免损坏系统。确保各个部分安装牢固，并保持支架的平稳，以免影响系统的正常使用。产品安装位置应尽量避免枝叶繁茂区域，否则影响供电系统能量的供给，应保证天气晴朗时，太阳能板接收太阳辐射的时间不小于5h/d。产品安装应避免通信信号微弱的地区，以免影响数据信息的处理与传输。

### 1.安装

部分组件在出厂前已经完成预装，用户在安装前，应按照支架、诱芯、昆虫诱捕器的顺序进行组装。安装时应在技术人员指导下进行，注意用电等安全。

（1）固定预埋件。挖一个长、宽、高分别为50cm、50cm、50cm的坑，将水泥、沙子、石子按照1：2：2的比例混匀，通常需要水泥40kg、沙子80kg、石子80kg，混合后将其倒入坑中，将预埋件放入坑中，螺杆露出地面8cm。

注：水泥基座高于或者与周边地面相平，不可有凹陷，防止积水。

（2）安装太阳能电池板。首先将太阳能板安装到支架上。安装太阳能板时要注意先将太阳能板的线穿入杆中。同时，安装的太阳能板要面朝南安放。

注：有两种调试太阳能板朝南的方法：在固定基座前，先看好方向，然后转动主杆，使太阳能板朝向南方。借助扶梯爬上顶端，转动避雷针调好方向，然后固定螺母。

（3）铺线。将太阳能板接线（1条）、诱罐连接线（2条）沿主杆内部铺好。可将线折几折用绳子系好，然后塞到主杆内部。

（4）主杆的连接。根据实际监测需要，连接主杆。可采取先固定好基座（下半截），然后直接在其上面进行对接，此操作至少需要3人一起完成。也可以将要对接的主杆放倒在地上进行对接。

（5）主杆的固定。将主杆放在水泥基座上，拧好螺丝固定。

注：主杆固定前，确保太阳能板朝向南方。

（6）安装诱捕器。将主杆内诱罐连接线与诱捕器连接，并将诱捕器固定好，接好地线。

（7）安装机箱。将主杆内太阳能板接线与机箱接口接好，固定机箱，接好地线。至此，整台设备安装完毕。

（8）开通电源，进行调试。

（9）在开机之前，请先检查各个部分是否连接完备。

### 2. 开机及重启

使用前，应办理一张移动手机卡。套餐无需通话，每月50M流量，30～100条短信，保证话费充足。开机前，将手机卡插入卡槽，按开机键开机。设备死机、停机及换卡后需手动重启（图3-17）。

图3-17　诱捕器开机及重启

### 3. 系统调试

在外观、机箱及诱罐检查无误后，开机进行调试。

（1）设置各项参数，参数设置指令参照以下《参数设置》。

---

**参数设置**

本项功能仅限于经培训的专业技术人员使用，在设置之前要认真阅读文档，确保正确理解各项参数意义，否则可能导致程序故障。

**A 设置方法**

编写手机短信发送到需设置的目标设备，所有命令请以英文输入法输入，不能有空格，否则无效！如果使用物联网卡，那就不能使用手机短信发送，串口格式只支持新版RTU。

**B 常用命令**

**a 设置主人号码**

旧版红色RTU（ATC60A14）：

短信格式：A××××××××××××

---

举例：A13812341234（首个主人号码需要超级用户添加，主人号码可以发送此命令来添加其他主人，都以13812341234为举例手机号，实际手机号码根据自己需要修改，下同）

默认值：空

网络格式：\*××××××××\*A13812341234\*（××××××××为当前设备主机号，下面网络格式中只要出现××××××××都表示当前设备主机号）

新版蓝、银色RTU（HIT-M3G6）：

短信格式：A13812341234

串口格式：#SETALARMNB,1,13812341234;

网络格式：\*××××××××\*A13812341234\*（××××××××为当前设备主机号，下面网络格式中只要出现××××××××都表示当前设备主机号）

**b 主机号设定**

旧版红色RTU（ATC60A14）：

短信格式：(12,×××=ID)（只有超级用户有权设置）

网络格式：\*××××××××\*(12,×××=ID)\*（××××××××为当前设备主机号，ID为需要修改成的主机号，8位数字，不够8位前面加0，下同）

新版蓝、银色RTU（HIT-M3G6）：

短信格式：(12,×××=ID)（只有超级用户有权设置）

串口格式：#SETID,ID;

网络格式：\*××××××××\*(12,×××=ID)\*（××××××××为当前设备主机号，ID为需要修改成的主机号，8位数字，不够8位前面加0）

**c 请求数据**

旧版红色RTU（ATC60A14）：

短信格式：Query（首写字母要大写）

网络格式：\*××××××××\*Query\*

新版蓝、银色RTU（HIT-M3G6）：

短信格式：Query（首写字母要大写）

网络格式：\*××××××××\*Query\*

**d 查询DO端口**

旧版红色RTU（ATC60A14）专有

短信格式：QueryDO

网络格式：\*××××××××\*QueryDO\*

**e 设定日期和时间（不支持短信发送命令修改）**

旧版红色RTU（ATC60A14）：

网络修改格式：\*××××××××\*AT+CCLK="18/11/16,12:40:00"\*（例如设置时间为2018年11月16日12点40分00秒）

新版蓝、银色RTU（HIT-M3G6）：

串口格式：#SETTIME,2018-11-16 12:40:00;

网络修改格式：\*××××××××\*AT+CCLK="18/11/16,12:40:00"\*

**f 计数设置**

旧版红色RTU（ATC60A14）：

短信格式：SetCount#×#××××××××××#

举例：SetCount#×#0000000000#（×表示计数通道，0表示所有通道，1-6表示对应1-6通道，0000000000表示设置计数值为0，注意计数值为10位。下同）

网络格式：\*××××××××\*SetCount#×#00000000000#\*

新版蓝、银色RTU（HIT-M3G6）：

短信格式：SetCount#×#0000000000#

串口格式：#SETDICOUNT,×,00000000;（×表示计数通道，0表示所有通道，1-6表示对应1-6通道，0000000000表示设置计数值为0，注意计数值为10位。下同）

网络格式：\*××××××××\*SetCount#×#00000000000#\*

**g GPS设定**

旧版红色RTU（ATC60A14）：

短信格式：GPSLoc#××××.××××,N,××××.××××,E#

举例：GPSLoc#1111.1111,N,1111.1111,E#

网络格式：\*××××××××\*GPSLoc#1111.1111,N,1111.1111,E#\*

新版蓝、银色RTU（HIT-M3G6）：

短信格式：GPSLoc#1111.1111,N,11111.1111,E#

串口格式：#SETGPS,1111.1111,N,11111.1111,E;

网络格式：\*××××××××\*GPSLoc#1111.1111,N,1111.1111,E#\*

说明：一般不修改，谨慎设置！

**h 设置IP地址（出厂已设置）**

旧版红色RTU（ATC60A14）：

短信格式：（21,×××=SERVER IP,SERVER PORT）　　　SERVER IP=服务器地址　　SERVER PORT=端口

举例：（21,×××=103.21.140.120,6800）

网络格式：\*××××××××\*（21,×××=103.21.140.120,6800）\*

新版蓝、银色RTU（HIT-M3G6）：

短信格式：（21,×××=103.21.140.120,6800）

串口格式：#SETSERVER,1,103.21.140.120,7600;

网络格式：\*××××××××\*（21,×××=103.21.140.120,6800）\*

最新版程序可以设置4个IP地址，上面的21表示设置的第一个地址，改为22、23、24分别设置第二、三、四个IP地址。例如设置第三个IP地址，短信格式（23,×××=103.21.140.120,6800）或者网络格式\*××××××××\*（23,×××=103.21.140.120,6800）\*，串口格式中将1改为3再设置IP地址。

说明：一般不修改，谨慎设置！

**i 手机短信定点上传**

旧版红色RTU（ATC60A14）：

短信格式：AlarmTime#×#AlarmTime#

例如：AlarmTime#1#09:00:00# 每天9:00上传RTU实时参数

默认值：AlarmTime#1#08:30:00# 表示每天8:30上传数据

新版蓝、银色RTU（HIT-M3G6）：

短信格式：AlarmTime#1#09:00:00#

串口格式：#SETSMSSENDTIMEPOINT,1,083000;

可以设置最多10个时间点，将1改为1～10分别对应1～10个时间点，无网络格式命令。

说明：一般不修改，谨慎设置！

**j 设定监测板的关闭/开启功能**

旧版红色RTU（ATC60A14）专有

短信格式：OutPut#×#×#

举例：OutPut#5#0# 表示5号端口关；有1～6号输出扩展端口，其中5号端口用于检测板供电（0表示关；1表示开）

网络格式：\*××××××××\*OutPut#5#0#\*

默认值：检测板打开

说明：一般不修改，谨慎设置！

备注：使用物联网卡的设备，不支持短信设置功能，串口格式只支持新版RTU。

（2）在系统平台添加该设备，测试机器是否正常运转、能否发送数据、数据格式是否正确。如条件允许，宜0.5h后再测试一次。

系统调试时应注意：①调试应在系统安装完毕后进行。②联合调试应在单项设备调试完成后进

行。③检查系统的综合性能，可利用模拟害虫进行试验，检查系统是否正常运行，如无异常，可将系统连续开机12h，若仍无异常，则调试结束。

## 三、应用技术方法

### （一）诱捕器调节及诱芯更换

根据监测的害虫种类不同，可调节诱捕器高度。

诱芯装置在防雨罩下沿据诱捕器上沿3～5cm处（图3-18）。应根据诱芯持效期及时更换诱芯，一般3周至1个月更换一次。更换诱芯应洗手或使用一次性手套。更换后应在系统平台及时进行设置。

图3-18　诱芯位置

### （二）虫体收集与处理

将诱捕器下方的集虫器拧下，取出虫体。

### （三）系统维护

#### 1.产品使用中的注意事项

（1）每季度进行一次设备的除尘、清理，防止由于腐蚀性物质的积累而导致系统损害。

（2）本系统已安装避雷针，但对于雷电多发地带，应做好设备接地的防雷地网工作。

（3）本系统出厂时均配备统一编号，在指定区域运行。如需跨区域使用，请提前致电生产公司咨询，否则可能造成机器不能正常使用。

（4）建议对容易老化的部件如连接线，定期进行一次全面的检查，一旦发现老化现象应及时更换、维修。

（5）若需更换天线，只能使用配套的或经认可的天线，未经认可的天线、改装或附件会损坏设备并违反无线电设备的有关规定。

（6）本系统如出现问题，可在操作系统上按重启键，对系统进行重新设置即可。若重启无法解决时，请及时联系技术人员。

（7）请及时根据报警内容采取相应措施，以保证系统监测结果的精确性。

#### 2.常见问题及解答

（1）RTU指示灯不亮。检查电源部分：太阳能控制器开关是否打开，电池是否有电，RTU开关是否打开；检查线路：若检测RTU电源两端电压为12V，但RTU电源灯仍不亮，表示RTU损坏，需更换RTU。

（2）RTU指示灯GSM常亮、NET（ACT）不亮。正常情况老版RTU为GSM闪亮、NET常亮，新版RTU为GSM闪亮、ACT闪亮。检查RTU天线是否接好，天线不能接触机箱；电话卡是否欠费；电话卡及卡槽是否安装好。

（3）太阳能控制器开关打不开或无显示。检查电池正负极是否接反；检查电池电压是否过低，如果电池电压过低则需要给电池充电；检查太阳能板、蓄电池是否正常，如果正常则检查太阳能控制器是否正常（图3-19）。不同的太阳能控制器对应相应的说明书进行调试。

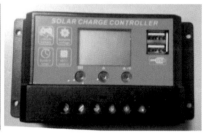

图3-19　太阳能控制器

（4）手机没反应。查看设备信号是否良好，否则调整天线位置或更换成增益吸盘天线。检查手机是否欠费。

（5）开机之后，风扇隔10s转一下或者一直转。检查传感器是否发生短路；检查主板部件是否损坏。

（6）开机之后，触发传感器，风扇不转动。检查设备是否打开；检查主板是否损坏；检查线路是否有故障。

### 3.常见故障解决办法

（1）系统自己关机的解决办法。

A：检查是否连续阴雨天导致电池没电

B：主机箱接头是否松动、脱落

C：重启设备

D：问题未解决打电话报修

（2）系统计数每天上报数据很大的解决办法。

A：检查诱捕器是否卡进异物出不来，需要手动清理

B：集虫器清理及更换水

C：清理后重启设备

D：问题未解决打电话报修

（3）无数据上传至网络或手机的解决办法。

A：查看电话卡是否欠费

B：查看是否死机，重启设备

C：问题未解决打电话报修

## 四、应用系统平台

### （一）平台登录

在浏览器输入网址（http://www.telemo.org）进入登录界面，输入用户名和密码登录系统平台。

登录系统后，平台主要功能包括数据查看、设备管理、诱剂管理和系统管理等（图3-20）。

### （二）数据查看

主要用于查询某个区域的害虫在一定时间段内的诱集情况。查看方式主要有列表查看、地图查看、图表查看。

图 3-20　系统平台主界面

### 1.按列表查看

按区域、害虫种类、起止时间等条件进行筛选查询。输入或选择相关信息，用户可按小时、天、周、月、年进行汇总或与区域条件进行组合汇总。当进行条件查询时，选择的时间必须早于当前时间（图3-21）。

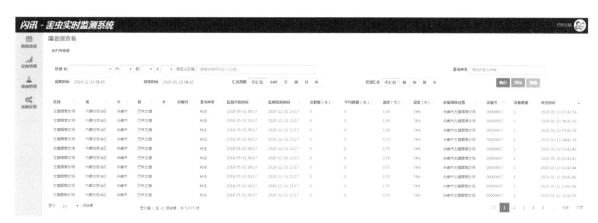

图 3-21　害虫监测信息

### 2.按地图或图表查看

按地图或图表查看时，需输入或选择区域、害虫种类，以及害虫数量筛选条件，点击执行按钮进行查询。

### （三）设备管理

设备管理主要用于设置设备基本信息、安装时间地点、使用状态等信息（图3-22）。

.ɪll 设备管理

设备列表

显示　10　▼ 项结果

| | | | | | | | 安装信息 | | |
| 设备编号 | 设备型号 | 购买日期 | 当前状态 | | | 自编号 | 安装时间 | 拆除时间 | 区域 |
| --- | --- | --- | --- | --- | --- | --- | --- | --- | --- |
| 00000657 | 3SJ-03 | 2017-04-24 | 在用 | ⊞ | ＋－✎ | | 2017-04-24 | | 左旗国营农场 |
| 00000659 | 3SJ-03 | 2017-04-24 | 在用 | ⊞ | ＋－✎ | | 2017-04-24 | | 哈拉哈达小城子村 |
| 00001169 | 3SJ-03 | 2018-09-27 | 在用 | ⊞ | ＋－✎ | | 2018-09-01 | | 左旗国营农场1 |
| 00001184 | 3SJ-03 | 2018-09-27 | 在用 | ⊞ | ＋－✎ | | 2018-09-01 | | 左旗国营农场3 |
| 00001185 | 3SJ-03 | 2018-09-27 | 在用 | ⊞ | ＋－✎ | | 2018-09-01 | | 左旗国营农场2 |
| 00001188 | 3SJ-03 | 2018-09-27 | 在用 | ⊞ | ＋－✎ | | 2018-09-01 | | 巴林左旗碧流台镇大营子村2 |
| 00001189 | 3SJ-03 | 2018-09-27 | 在用 | ⊞ | ＋－✎ | | 2018-09-01 | | 巴林左旗三山乡1 |
| 00001261 | 3SJ-03 | 2018-09-27 | 在用 | ⊞ | ＋－✎ | | 2018-09-01 | | 巴林左旗三山乡2 |
| 00001264 | 3SJ-03 | 2018-09-27 | 在用 | ⊞ | ＋－✎ | | 2018-09-01 | | 巴林左旗碧流台镇大营子村3 |
| 00001266 | 3SJ-03 | 2018-09-27 | 在用 | ⊞ | ＋－✎ | | 2018-09-01 | | 巴林左旗碧流台镇大营子村1 |

显示第 1 至 10 项结果，共 12 项

图 3-22　设备管理

### 1.新增或修改设备信息

点击 +-✎ 的 +添加设备信息，点击 ✎修改设备信息，如安装时间、区域、自编号、具体地点及其经纬度（图3-23）。

### 2.查询设备信息

在页面右上部的搜索文本框内输入需查询关键词，查询相关设备信息。用户可点击每个数据栏的表头进行排序切换。

### 3.删除设备信息

点击 -删除选中设备信息。

### （四）诱剂管理

诱剂管理主要包括监测信息、监测对象批量设置、诱剂批量设置3个功能。

### 1.监测信息

监测信息页面主要包括每个设备的设备信息、监测对象信息和诱剂信息3部分（图3-24）。

图3-23　新增或修改设备信息

图3-24　监测信息页面

（1）监测对象信息管理。

新增或修改监测对象信息：点击 +-✎ 的 +添加监测对象信息，点击 ✎修改监测对象信息，如开始时间、结束时间、害虫种类（图3-25）。

查询监测对象信息：在页面右上部的搜索文本框内输入需查询关键词，查询相关监测对象信息。用户可点击每个数据栏的表头进行排序切换。

删除监测对象信息：点击 -删除选中监测对象信息。

图3-25　新增或修改监测对象信息

（2）诱剂信息管理。

新增或修改诱剂信息：点击 +-✎ 的 +添加诱剂信息，点击 ✎修改诱剂信息，如诱剂名称、型号、有效期、更换日期、更换人和供应商（图3-26）。

查询诱剂信息：在页面右上部的搜索文本框内输入需查询关键词，查询相关诱剂信息。用户可点击每个数据栏的表头进行排序切换。

删除诱剂信息：点击 -删除选中诱剂信息。

图3-26　新增或修改诱剂信息

### 2.监测对象批量设置

主要用于为多个诱捕器设置同一个监测对象及监测时间段（图3-27）。

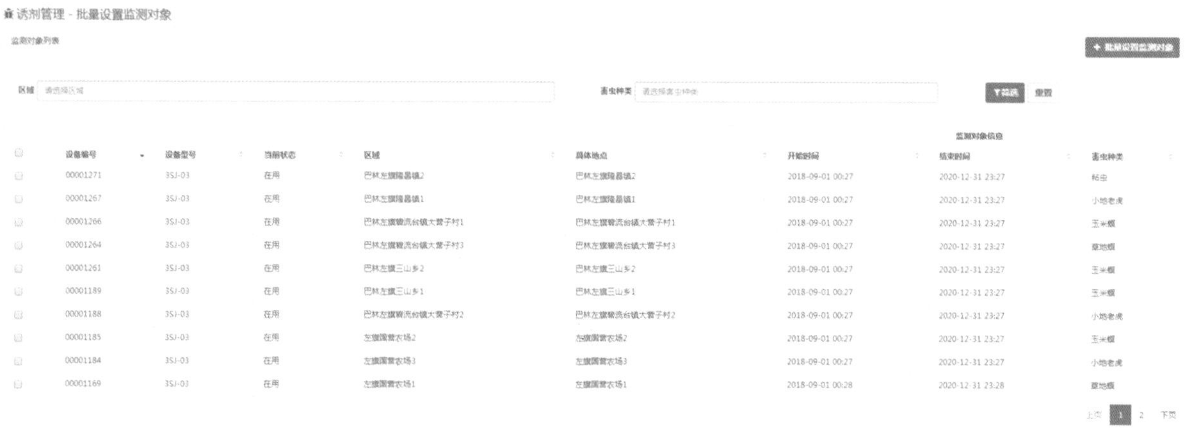

| 设备编号 | 设备型号 | 当前状态 | 区域 | 具体地点 | 开始时间 | 结束时间 | 害虫种类 |
| --- | --- | --- | --- | --- | --- | --- | --- |
| 00001271 | 3SJ-03 | 在用 | 巴林左旗隆昌镇2 | 巴林左旗隆昌镇2 | 2018-09-01 00:27 | 2020-12-31 23:27 | 粘虫 |
| 00001267 | 3SJ-03 | 在用 | 巴林左旗隆昌镇1 | 巴林左旗隆昌镇1 | 2018-09-01 00:27 | 2020-12-31 23:27 | 小地老虎 |
| 00001266 | 3SJ-03 | 在用 | 巴林左旗富河镇台铺大营子村1 | 巴林左旗富河镇台铺大营子村1 | 2018-09-01 00:27 | 2020-12-31 23:27 | 玉米螟 |
| 00001264 | 3SJ-03 | 在用 | 巴林左旗富河镇台铺大营子村3 | 巴林左旗富河镇台铺大营子村3 | 2018-09-01 00:27 | 2020-12-31 23:27 | 草地螟 |
| 00001261 | 3SJ-03 | 在用 | 巴林左旗三山乡2 | 巴林左旗三山乡2 | 2018-09-01 00:27 | 2020-12-31 23:27 | 玉米螟 |
| 00001189 | 3SJ-03 | 在用 | 巴林左旗三山乡1 | 巴林左旗三山乡1 | 2018-09-01 00:27 | 2020-12-31 23:27 | 玉米螟 |
| 00001188 | 3SJ-03 | 在用 | 巴林左旗富河镇台铺大营子村2 | 巴林左旗富河镇台铺大营子村2 | 2018-09-01 00:27 | 2020-12-31 23:27 | 小地老虎 |
| 00001185 | 3SJ-03 | 在用 | 左旗国营农场2 | 左旗国营农场2 | 2018-09-01 00:27 | 2020-12-31 23:27 | 玉米螟 |
| 00001184 | 3SJ-03 | 在用 | 左旗国营农场3 | 左旗国营农场3 | 2018-09-01 00:27 | 2020-12-31 23:27 | 小地老虎 |
| 00001169 | 3SJ-03 | 在用 | 左旗国营农场1 | 左旗国营农场1 | 2018-09-01 00:28 | 2020-12-31 23:28 | 草地螟 |

图3-27　监测对象批量设置界面

首先查询或选中需要设置的性诱捕器设备，然后点击右上部的 批量设置监测对象 按钮。在弹出窗口批量设置监测对象信息，如开始时间、结束时间、害虫种类（图3-28）。

### 3.诱剂批量设置

主要用于为多个诱捕器设置同一个监测对象及监测时间段。

首先查询或选中需要设置的性诱捕器设备，然后点击右上部的 批量设置诱剂 按钮。在弹出窗口批量设置诱剂信息，如诱剂名称、型号、有效期、更换日期、更换人和供应商（图3-29）。

### （五）系统设置

系统设置主要包括区域、用户名、密码、用户信息、数据查看等设置。

### 1.监测区域设置

为方便同一区域多个诱捕器等信息的管理，可设置常用的监测区域，新增、修改或删除区域信息（图3-30）。

图3-28　批量设置监测对象信息

图3-29　批量设置诱剂信息

### 2.用户设置

用于管理员设置相同管理区域的多个用户。点击右上部的 新增加用户 进行用户信息设置。

该界面显示条框包括：用户名、姓名、手机号、设备号。除了编辑/删除功能外，新增加"用户权限设置"图标 🔍。管理员点击此图标时，系统将弹出"权限设置"对话框。

### 3.修改密码

根据网络信息安全有关规定，应每6个月或1年变更一次系统密码。密码要采用10位以上字母、数字、

图3-30　新增或修改监测区域

特殊字符相结合的强密码（图3-31）。

### 4.用户信息设置

主要用于设置用户姓名、手机、电子邮件等信息（图3-32）。

<table>
<tr><td>* 原密码</td><td></td><td>用户名</td><td>默认，无法修改</td></tr>
<tr><td>* 新密码</td><td></td><td>* 用户姓名</td><td></td></tr>
<tr><td>* 重复新密码</td><td></td><td>* 手机</td><td></td></tr>
<tr><td></td><td></td><td>电子邮件</td><td></td></tr>
<tr><td>保存</td><td></td><td>保存</td><td></td></tr>
</table>

图3-31　修改密码　　　　　　　　　　　　图3-32　用户信息设置

### 5.数据查看设置

用于设置采用列表查看数据时，页面需要显示的栏目。设置后需点击"保存设置"按钮进行保存（图3-33）。

图3-33　查看数据项设置

# 第四章 农作物病害实时监测预警物联网

## 📅 第一节 小麦赤霉病预报器

小麦赤霉病主要发生在我国长江中下游、江淮、黄淮和华北南部等麦区，近年来发生区域呈北抬西扩的趋势，是制约我国小麦安全生产的重要因素之一。一般发生年份可造成小麦产量损失10%～30%，重发年份可达70%～80%，甚至绝收。该病害不仅影响小麦产量，其致病病原菌还在病粒中产生脱氧雪腐镰刀菌烯醇（deoxynivalenol，DON）和玉米赤霉烯酮（zearalenone，ZEA）等毒素，严重影响小麦品质和人畜健康。2010年以来，由于受麦玉、麦稻轮作和秸秆还田等耕作制度变化，以及气候变化等因素影响，我国小麦赤霉病重发频率明显上升，给小麦产量和品质造成严重影响。该病害的流行主要受气候，特别是抽穗扬花期降水、温度的影响。对小麦赤霉病的监测预警一直是东部主产麦区的重点和难点，也是科学研究的关注点。为提高小麦赤霉病预测准确性，近年来国内外学者开展了该病害实时监测预警技术研究，提出了相应的预测模型，研制了专门的预报设备——小麦赤霉病预报器。

### 一、预报器的结构及工作原理

#### （一）预报器的结构

小麦赤霉病预报器主要由光电感应雨量传感器、温湿度传感器等传感器与太阳能板、集成电路等组成（图4-1）。

图4-1 小麦赤霉病预报器结构

（二）有关预测模型

小麦赤霉病预报器通过内置的小麦赤霉病预测模型实现对病害的预测，主要包括病菌子囊壳形成模型、侵染概率模型、初始菌源模型、蜡熟期病穗率预测模型等。

（1）子囊壳形成与温度关系模型：

$$V(T) = \frac{0.5}{1+e^{-0.1(T-26.9)}}\left(1-e^{-\frac{(T+1.96)}{1.97}}\right)\left(1-e^{-\frac{(31.9-T)}{1.97}}\right)$$

式中：$V(T)$ 是 $T$ 温度下子囊壳的形成速率。

（2）侵染概率模型：

$$PI = (-0.0081+0.077D)(0.21+0.08RE)(t+5.6-0.5RE)^{1.6-0.12RE} \cdot e^{-(0.21+0.003RE)(t+5.6-0.5RE)}$$

式中：$PI$ 为抽穗后第 $t$ 天的侵染概率；$D$ 为麦穗表面湿润时间（d）；$RE$ 为品种开花期值（春性品种为1，半冬性品种为2，冬性品种为3）。

（3）穗表赤霉菌孢子数与产壳玉米秸秆密度的关系为：

$$y_1 = 1.115 + 2.506\,x, \quad R^2 = 0.972, \quad n = 46$$

式中：$y_1$ 为穗表赤霉菌孢子数（个）；$x$ 为产壳秸秆密度（个/m²）。

（4）穗表赤霉菌孢子密度与产壳秸秆密度的关系模型：

$$y_2 = 0.110 + 0.248\,x$$

式中：$y_2$ 为穗表赤霉菌孢子密度（个/cm²）；$x$ 为产壳秸秆密度（个/m²）。

（5）蜡熟期病穗率模型：

$$DF = 100(0.110+0.248x)(-0.008198+0.064746D)(0.166516+0.046870RE)(t+5.066667-0.5RE)^{1.512642-0.082118RE} \cdot e^{-(0.176598+0.002426RE)\cdot(t+5.066667-0.5RE)}$$

式中：$DF$ 为病穗率（%）；$x$ 为产壳秸秆密度（个/m²）；$t$ 为抽穗与抽穗后初次降水（降水量大于等于5mm）间隔的时间（d）；$RE$ 为品种开花期值（春性品种为1，半冬性品种为2，冬性品种为3）；$D$ 为侵入时麦穗表面保持湿润的时间（d），田间条件下为降水持续的天数及降水后相对湿度大于95%的天数。

（三）工作原理

小麦赤霉病预报器通过自带的温度、湿度、降水等传感器，分别经过菌量模型、侵染概率及重复侵染概率模型，以及显症率模型、病穗率模型等，预测小麦赤霉病病穗率（图4-2、图4-3）。

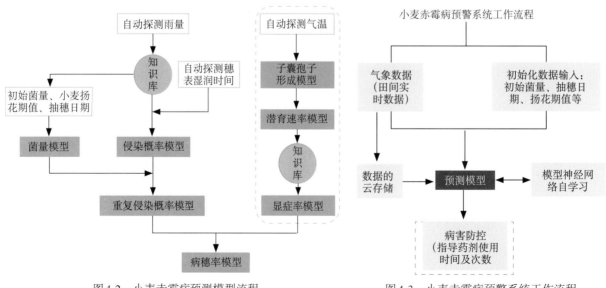

图4-2　小麦赤霉病预测模型流程　　　　图4-3　小麦赤霉病预警系统工作流程

## 二、预报器的安装

预报器应安装在试验地小麦种植区比较开阔的地方，四周10m范围内无大树、墙面等遮挡物，附近没有水源。

## 三、应用技术方法

（一）使用步骤

1. 使用仪器前，请在仪器顶端传感器上安装移动电话卡，将主机箱内的电源开关打开。

2. 手机扫描主机箱二维码并点击关注，点击页面左下角的"赤霉预测"，或在浏览器内输入网址（http://www.cebaowang.com）进入系统主页。

3. 点击"添加设备"，ID编号为顶部传感器上二维码的编号（如：QX00000009），然后输入用户名和密码。

4. 依次填写经纬度、初始菌量、小麦抽穗日期和小麦品种类型，并保存。

（1）经纬度框内输入仪器所在位置的经纬度（如：108.234,34.112），中间逗号为半角状态下输入。

（2）初始菌源量为每平方米标准带菌秸秆菌量（个/m²），长江中下游等麦区如果认为菌源量饱和可直接填数值"5"。

（3）填写小麦始穗期（即10%的麦株抽穗时）和小麦品种类型，即1为春小麦、2为半冬性小麦、3为冬小麦。

5. 在主页地图上寻找并单击当地仪器安装位置的标记，地图左侧显示实时测定数据，双击地图数据标记弹出仪器编号及病穗率预测值。预测结果页面会给出小麦蜡熟期病穗率的预测结果。

（二）预测因子调查

（1）田间玉米（水稻）残秆密度调查。在小麦始穗期，采用五点取样法，每块田选择5个样点，小麦、玉米轮作区每个样点10m²，小麦、水稻轮作区每个样点4m²，分别取样调查麦田玉米（水稻）残秆数量。

捡拾取样点内所有玉米（水稻）残秆，记录标准玉米（水稻）残秆数，统计计算标准玉米（水稻）残秆密度（个/m²、丛/m²），结果记入表4-1。玉米残秆以带节长5～6cm的残秆作为一个标准样秆，对于较大具有多个节的残秆应折算为标准样秆。

表4-1　玉米（水稻）残秆密度调查

茬口：_____　　　　　　　　调查日期：_____

| 田块序号 | 面积 (hm²) | 样点1 | | 样点2 | | 样点3 | | 样点4 | | 样点5 | | 平均标准玉米（水稻）残秆密度（个/m²、丛/m²） |
|---|---|---|---|---|---|---|---|---|---|---|---|---|
| | | 样点面积 (m²) | 标准秸秆数 (个、丛) | 样点面积 (m²) | 标准秸秆数 (个、丛) | 样点面积 (m²) | 标准秸秆数 (个、丛) | 样点面积 (m²) | 标准秸秆数 (个、丛) | 样点面积 (m²) | 标准秸秆数 (个、丛) | |
| 1 | | | | | | | | | | | | |
| 2 | | | | | | | | | | | | |
| 3 | | | | | | | | | | | | |
| 4 | | | | | | | | | | | | |
| 5 | | | | | | | | | | | | |

（2）带菌量测定。在小麦始穗期，利用以上捡拾的残秆，检查玉米标准样秆和稻桩上是否有子囊壳，计算玉米（水稻）残秆带菌率，结果记入表4-2。结合调查的玉米（水稻）残秆密度，计算麦

田带菌玉米（水稻）残秆密度（个/m²、丛/ m²），即：单位面积带菌玉米（水稻）残秆数=标准玉米残秆密度或水稻残秆密度×玉米（水稻）残秆带菌率。

表4-2　玉米秸秆（稻丛）带菌率调查

| 田块序号 | 玉米／水稻 | 带菌玉米（水稻）残秆数／玉米（水稻）残秆总数 | | | | | 平均带菌率（%） |
|---|---|---|---|---|---|---|---|
| | | 样点1 | 样点2 | 样点3 | 样点4 | 样点5 | |
| 1 | | | | | | | |
| 2 | | | | | | | |
| 3 | | | | | | | |
| 4 | | | | | | | |
| 5 | | | | | | | |

注：表中填写数据为标准残秆数，按照"带菌残秆数/玉米（水稻）残秆数"填写，如"2/13"表示的是13个玉米（水稻）残秆中有2个是带菌残秆。

（3）确定初始菌源量。根据上述调查结果，确定初始菌源量（带菌标准玉米残秆数，个/m²；带菌水稻残秆数，丛/m²），并输入系统。

（三）病情调查

在小麦蜡熟期，每个防治区、对照区随机选取5个样点，每点5行，每行10穗，共250穗，调查病穗数，计算病穗率，记入表4-3。

表4-3　小麦赤霉病调查

调查日期：＿＿＿＿＿＿＿＿＿　　　　调查人：＿＿＿＿＿＿＿＿＿

| 田块 | 处理 | 样点 | 调查穗数 | 病穗数 | 病穗率（%） | 平均病穗率（%） |
|---|---|---|---|---|---|---|
| 1 | 对照区 | 1 | | | | |
| | | 2 | | | | |
| | | 3 | | | | |
| | | 4 | | | | |
| | | 5 | | | | |
| | 防治区1 | 1 | | | | |
| | | 2 | | | | |
| | | 3 | | | | |
| | | 4 | | | | |
| | | 5 | | | | |
| | 防治区2 | 1 | | | | |
| | | 2 | | | | |
| | | 3 | | | | |
| | | 4 | | | | |
| | | 5 | | | | |
| | 防治区3 | 1 | | | | |
| | | 2 | | | | |
| | | 3 | | | | |
| | | 4 | | | | |

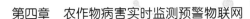

（续）

| 田块 | 处理 | 样点 | 调查穗数 | 病穗数 | 病穗率（%） | 平均病穗率（%） |
|---|---|---|---|---|---|---|
| 1 | 防治区3 | 5 | | | | |
| …… | | | | | | |

**（四）预测结果准确度检验**

按照《小麦赤霉病测报技术规范》（GB/T15796—2011），根据病穗率分别对实际调查结果和预测结果进行赤霉病流行等级划分，采用最大误差参照法检验预测的准确度。

$$R = \frac{1}{n}\sum_{i=1}^{n}(1 - \frac{|F_i - A_i|}{M_i}) \times 100$$

式中：$R$为预测准确度；$n$为预测次数；$F_i$为预测结果的流行等级值；$A_i$为实际调查结果的流行等级值；$M_i$为第$i$次预测的最大参照误差，该值为实际流行等级值和最高流行等级值与实际流行等级值之差中最大的值，如实际流行等级值为2，最高流行等级值与实际流行等级值之差为3（赤霉病流行等级最高值为5），那么$M_i$值为3。一般认为，预测流行等级与实际流行等级差值小于1时，为准确；差值为1时，为基本准确；差值大于1时，为不准确。小麦赤霉病预测情况记入表4-4。

表4-4　小麦赤霉病预测情况记录

| 田块 | 预测日期 | 预测值 | | 实际值 | | 准确率（%） |
|---|---|---|---|---|---|---|
| | | 病穗率（%） | 发生级别（$F_i$） | 病穗率（%） | 发生级别（$A_i$） | |
| 1 | | | | | | |
| …… | | | | | | |

注：预测日期自齐穗期至盛花期填写。

**（五）防治指导**

预报器可根据未来7d的天气条件（温度、降水）预报数据对蜡熟期病穗率做出预测。各地可根据齐穗期（即80%的麦株抽穗）前预报器给出的最终病穗率进行预警，建议当系统预测最终病穗率达到3%及以上时，在初花期（即10%的麦株开花）前对试验防治区用药预防1次，并视降水情况隔5～7d再防治1次。

## 四、应用系统平台

目前，小麦赤霉病预报器数据分析平台可访问http://www.cebaowang.com，进入小麦赤霉病预测模块，输入账号登录后使用。登录后界面主要包括数据地图、设备参数、数据看板、病害知识库等模块。其中，与小麦赤霉病预测相关的模块主要为设备参数和数据看板，病害预测功能在数据看板内。

（1）数据地图。以地图形式展现监测点小麦赤霉病预测结果。

（2）设备参数。主要用于设置模型基本参数，包括设备ID、初始菌源量、抽穗日期和小麦开花期值（图4-4）。

（3）数据看板。用于查看田间小气候监测数据，以及小麦赤霉病预测结果或历史预测结果（图4-5至图4-9）。其中，"传感器上报"分别以图、表形式给出一定时间范围内的传感器采集数据，主要

包括土壤温度、降水量、露点温度、相对湿度等；"病害预测"给出未来7d小麦赤霉病蜡熟期病穗率预测值；"病害预测-历史数据"供用户查询一定时间范围内的小麦赤霉病预测值。

图4-4　预报器基本参数输入　　　　　　　　　图4-5　监测预警数据看板

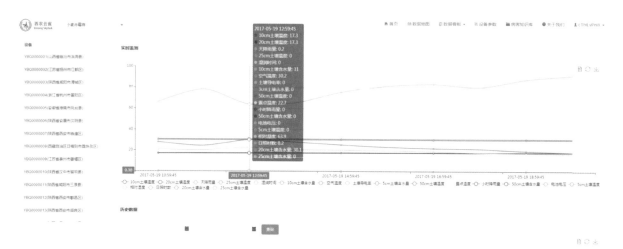

图4-6　查看监测预警数据

图4-7　列表显示监测预警数据

（4）病害知识库。提供小麦赤霉病发生规律等基本知识。

此外，用户也可以在移动端微信中搜索"西农云雀"小程序，点击"测报"查询病害预测结果（图4-10）。

选择相应监测点，点击查看详细信息（图4-11）。

图4-8　查询预测结果

图4-9　查看逐日预测结果数据

图4-10　小麦赤霉病预警系统小程序　　　　图4-11　小麦赤霉病预测结果及详细信息

## 🩺 第二节　马铃薯晚疫病实时监测预警系统

### 一、工作原理

马铃薯晚疫病实时监测预警系统基于CARAH模型。CARAH模型基于田间小气候，假设马铃薯晚疫病病菌（致病疫霉）在一定的温度下经过一定时间的湿润期可以成功侵染马铃薯植株，并引致发病。当马铃薯生长季节出现表4-5中任何一种情形后，晚疫病病菌的孢子将进入植株叶片内，即开始进入侵染过程。当平均温度为7～18℃时，引起轻度、中度、重度、极重度侵染所需的湿润期持续时间分别为10.75～16.50h、11.0～19.5h、14.0～22.5h、17.0～25.5h；当平均温度为19～22℃时，参照18℃；当平均温度为23～26℃时，只有轻度侵染；当平均温度超过27℃时，则不发生侵染。一定温度下，湿润期持续时间越长，马铃薯晚疫病侵染越重。

表4-5　马铃薯晚疫病病菌侵染程度与湿润期平均温度和持续时间的关系

| 湿润期平均温度（℃） | 湿润期（相对湿度大于90%）持续时间（h） | | | |
| --- | --- | --- | --- | --- |
| | 轻度 | 中度 | 重度 | 极重度 |
| 7 | 16.50 | 19.50 | 22.50 | 25.50 |
| 8 | 16.00 | 19.00 | 22.00 | 25.00 |
| 9 | 15.50 | 18.50 | 21.50 | 24.50 |
| 10 | 15.00 | 18.00 | 21.00 | 24.00 |
| 11 | 14.00 | 17.50 | 20.50 | 23.50 |
| 12 | 13.50 | 17.00 | 19.50 | 22.50 |
| 13 | 13.00 | 16.00 | 19.00 | 21.50 |
| 14 | 11.50 | 15.00 | 18.00 | 21.00 |
| 15 | 10.75 | 14.00 | 17.00 | 20.00 |
| 16 | 10.75 | 13.00 | 16.00 | 19.00 |
| 17 | 10.75 | 12.00 | 15.00 | 18.00 |
| 18 | 10.75 | 11.00 | 14.00 | 17.00 |
| 19～22 | 10.75 | 11.00 | 14.00 | 17.00 |

注：如果湿润期被中断的时间不超过3h，该湿润期将连续计算；如果中断的时间超过4h，则应计算为两个不同的湿润期。侵染湿润期持续超过48h，则每24h形成1次侵染湿润期，侵染程度为极重。

当温度低于7℃时，晚疫病病菌一般不能正常生长，即使相对湿度达到了其生长发育所必需的要求（相对湿度大于90%）也不会有发生晚疫病的可能。当温度越高，相对湿度达到90%以上的持续时间越长，晚疫病发生的程度越严重。例如，在湿润期间，当平均温度为7℃时，只有当湿润期达到16.5h以上才可能发生轻微的晚疫病侵害。在此平均温度下，要发生极严重的晚疫病侵害，湿润期需持续的时间为25.5h以上。当平均温度达到15℃时，只需10.75h就可能发生轻微的晚疫病侵害，只需20.0h就会发生极严重的晚疫病侵害。不管湿润期间平均温度多高，叶片保持湿润的时间都应达到一定的限度。这与各地的实际情况相关（生理小种、病菌数量和品种抗性等），但一般应在8.0h以上。

因此，只要得到以后每天的平均温度，就可以根据表4-6中提供的数据得到一个分值。然后将每天得到的分值进行累加，当积分达到7分时，该次侵染结束，新的侵染过程即将开始。当某次侵染由前次侵染所引起，视为同一代侵染；否则为新一代侵染。在比利时，10年前主要采用 Guntz-Divoux

的方法进行分值计算；但由于近年来生理小种的变化，现在一般采用Conce方法进行分值计算。根据相关经验，当发生3代侵染后，田间感病品种将出现发病中心，据此对马铃薯晚疫病进行监测预警。

表4-6　侵染得分计算方法

| Guntz-Divoux 方法 | | Conce 方法 | |
|---|---|---|---|
| 温度（℃） | 得分 | 温度（℃） | 得分 |
| <10 | 0 | ≤8 | 0 |
| 10～12 | 0.25 | 8.1～12 | 0.75 |
| 12.5～14 | 0.5 | 12.1～16.5 | 1 |
| 14.5～17 | 1 | 16.6～20 | 1.5 |
| 17.5～20 | 2 | ≥20.1 | 1 |
| 20.5～23 | 1 | | |

## 二、田间气象站组成与维护

### （一）田间气象站组成

马铃薯晚疫病田间监测仪器（气象站）主要由各种气象数据采集传感器、供电系统和数据传输模块等组成（图4-12）。监测仪器要安装在马铃薯种植区比较空旷的地方，为保障设备安全，条件允许时可在仪器周围加装围栏。

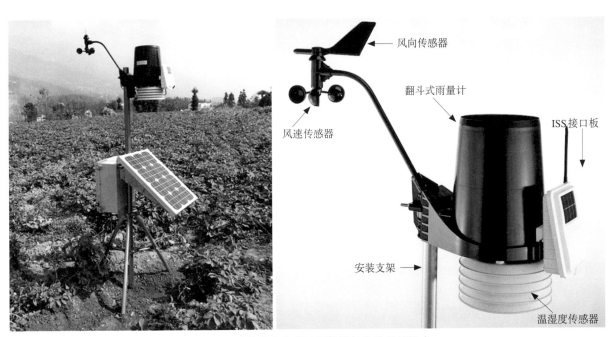

图4-12　马铃薯晚疫病田间监测气象站及其组成

#### 1.气象数据采集传感器

气象数据采集传感器主要由温度传感器、湿度传感器、风速传感器、风向传感器，以及雨量计、ISS接口板等组成（图4-12）。

（1）温湿度传感器。温湿度传感器位于雨量计下部的一个小型白色百叶箱内。白色百叶箱用来防止阳光直接照射到里面的传感器，使百叶箱里的温度接近空气温度，应保持百叶箱表面洁白干净。

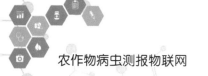

（2）雨量计。马铃薯晚疫病监测气象站采用翻斗式雨量计，用于收集并计量降水量。

（3）风传感器。风传感器包括风向传感器和风速传感器，即风向标和风杯。风传感器位于气象站支架的顶部，用于测定风向和风力。

2. 供电系统

供电系统通过太阳能板将太阳辐射能转换为电能供气象站工作使用。供电系统由太阳能板（图4-13）和太阳能充电控制器组成，其中后者位于机箱（图4-14）内。

图4-13　太阳能板

图4-14　机　箱

太阳能充电控制器是一种集成电路，用于控制太阳能板充电（图4-15）。上面的指示灯分别表示：①号绿灯亮表示太阳能板接入正常；②号绿灯亮表示12V蓄电池电量为饱和状态；③号黄灯亮表示12V蓄电池处于馈电状态；④号红灯亮表示12V蓄电池处于低电压报警状态，需更换新的蓄电池。

图4-15　太阳能充电控制器

3. 数据传输设备

数据传输设备主要用于将田间采集的气象数据定期发送到监测预警系统服务器，包括手机卡相关设备和气象数据采集器（图4-16）。其中，位置1为蓄电池，蓄电池在铝盒内；位置2为太阳能充电控制器；位置3为数据传输模块（也称GPRS通信设备），位置4为数据采集器。

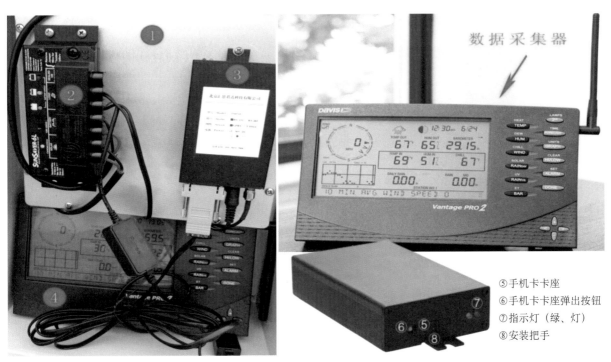

⑤手机卡卡座
⑥手机卡卡座弹出按钮
⑦指示灯（绿、灯）
⑧安装把手

图4-16　数据传输设备

### （二）田间气象站维护

#### 1.气象站安装与维护

气象站一般要求安装在马铃薯种植区比较空旷的地方，最好加装防护围栏。

（1）风传感器。风传感器安装时黑色弯杆应正对北，风向标才能正确指示风的方位（风向）。风向传感器尖端所指的方向就是风的方向。正常情况下，风向标不允许单独拆卸，因为拆卸后会无法与内部角度传感器同步，造成风向指示偏差。

（2）雨量计。定期清理雨量桶，防止树叶、灰尘等堵塞漏斗口，大约3个月检查一次。在多灰尘或树木多的地区使用，应增加检查次数。清洗雨量桶时，双手握桶，向逆时针（左）用力旋转。

（3）温湿度传感器。温湿度传感器安装在雨量计下部的小型白色百叶箱内，要保持百叶箱表面洁白干净。

（4）太阳能板。太阳能板固定于支架的中部，安装时朝正南方，为整个监测站系统提供电力，输出电压18V左右。应定期擦拭太阳能板表面的灰尘或积雪。

（5）数据传输设备。应经常观看指示灯状态，红灯闪烁表示12V电源供电正常，绿灯闪烁表示正在寻找通信信号，绿灯长亮表示通信网络连接成功（连接移动GPRS网络）。如出现故障，及时报修。

#### 2.电池更换

（1）更换ISS板锂电池。首先打开白盒，用手在位置1先向上提，再向上推。3V锂电池型号为CR123。安装3V锂电池时，注意电池的正负极。电池盒左为"+"极，右为"−"极（图4-17）。

（2）更换数据采集器电池。更换数据采集器2号电池（3节）时，先将数据采集器电源断开，如图4-18所示。打开数据采集器后面的电池盖，将3节2号电池装入。电池盒左为"+"极，右为"−"极。安装好电池后，正常情况会发出"滴、滴、滴"3声响，然后长按DONE键，直到显示屏出现数字（图4-18）。

（3）更换蓄电池。气象监测站使用蓄电池一块，安装在机箱内的电池盒内。当太阳能充电控制器上的④号红灯亮时，表示蓄电池处于低电压报警状态，需更换新的蓄电池。此时，拧开电池盖板的固定螺丝，将蓄电池取下更换。取下蓄电池时应注意：

任何时候都不能让蓄电池的正、负电极接错，避免发生短路。

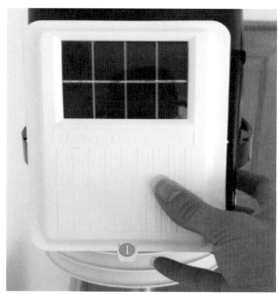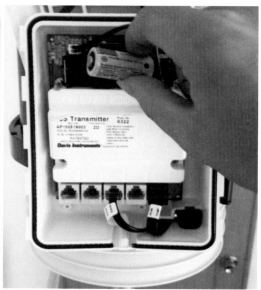

图4-17　更换ISS板3V锂电池

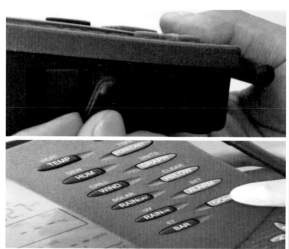

图4-18　更换数据采集器2号电池

在搬运时要特别注意蓄电池的正、负电极不能同时与其他金属物体相碰。

安装新的蓄电池时应特别注意蓄电池的两个电极插片的正负极，蓄电池的正极为红色，负极为黑色。

当蓄电池的电压降低到8V以下，太阳能充电控制器上的④号红灯亮时，必须更换新的蓄电池，不得继续充电使用。

3. 常见问题

气象站供电不正常的常见原因：

（1）有太阳时工作正常，日落后电压低，说明蓄电池已坏，需更换新的蓄电池。

（2）晴天时工作正常，连续阴天3～5d后电压低，说明蓄电池性能变差，需更换新的蓄电池。

（3）晴天时工作正常，连续阴天7～10d后电压低，属正常现象；天晴以后蓄电池可以自动恢复正常。

（4）持续电压低，检查太阳能板与太阳能充电控制器的连线是否接触良好，正负极是否正确，连线是否有断线。

（5）检查太阳能板后面接线盒内的连线是否接好。

（6）检查太阳能板板面是否开裂。

## 三、应用技术方法

使用中国马铃薯晚疫病实时监测预警系统，自监测区域内田间出现第一株马铃薯幼苗时，开启田间气象站，及时在系统的"监测期设置"功能模块中录入监测区域马铃薯品种、出苗始见期和预计收获期。从幼苗始见日起，定期访问预警系统，当监测点第3代第1次侵染曲线生成后，此时GIS地图上该监测点会以红色圆形提示。病虫测报人员应加强监测，并开展田间调查工作，直至马铃薯植株枯黄为止。

### （一）侵染曲线绘制与侵染情况判读

#### 1.湿润期得分计算

从出苗始见期开始，将田间气象站采集的气象数据根据表4-6计算侵染湿润期的形成以及侵染程度。1次侵染湿润期形成后，形成的当天得分为0，将以后每天的平均温度对照表4-6中Conce方法得到一个分数，并将每天得分累加，当分值≥7时即为完成1次侵染循环。

$$\sum S_i \geqslant 7$$

式中：$S_i$表示一次侵染循环开始后第$i$天的得分。

#### 2.侵染曲线绘制

根据每日湿润期积分，在Excel表格内，以日期为横坐标、积分为纵坐标绘制侵染曲线。当积分达到7分时该次侵染终止。第一个侵染湿润期形成直至该次侵染结束期间，发生的所有侵染均属于同一代；此后发生的侵染属于下一代。同一代期间发生的侵染按序列命名，如第一代第一次侵染、第一代第二次侵染等。

根据2015年3—4月重庆市巫溪县通城监测点逐日湿润期情况，按照上述规则绘制侵染曲线，如图4-19所示。

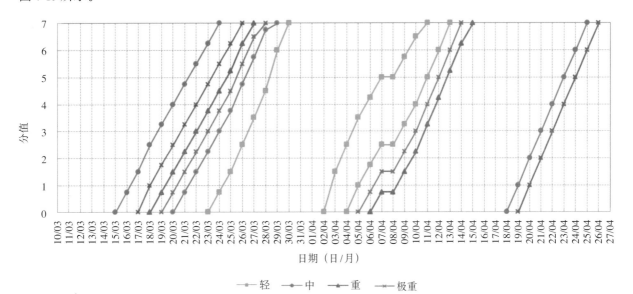

图4-19　2015年3—4月重庆市巫溪县通城监测点侵染曲线

#### 3.侵染代次判读

依据上述侵染代次判断规则，图4-19中的侵染曲线代次划分见表4-7。第一个侵染湿润期于3月15日形成，即第一条侵染曲线于3月15日生成，3月24日达到7分，侵染完成。在3月15—24日内形成的侵染，如3月17日、3月18日、3月19日、3月20日和3月23日的侵染都算同一代，至3月24日第一代共完成6次侵染。此后，4月2日生成第二代第一次侵染，此次侵染至4月11日达到7分而结束，期间共发生4次侵染，均为第二代。第三代第一次侵染形成于4月18日，至4月25日达到7分，期间

又发生1次侵染。

表4-7　2015年3—4月重庆市巫溪县通城监测点代次情况

| 项目 | 3月14日 | 3月15日 | 3月17日 | 3月18日 | 3月19日 | 3月20日 | 3月23日 | 4月2日 | 4月4日 | 4月5日 | 4月6日 | 4月18日 | 4月19日 |
|---|---|---|---|---|---|---|---|---|---|---|---|---|---|
| 侵染代次<br>（次/代） | 0/0 | 1/1 | 2/1 | 3/1 | 4/1 | 5/1 | 6/1 | 1/2 | 2/2 | 3/2 | 4/2 | 1/3 | 2/3 |

### （二）短期预警与防控策略

#### 1.中心病株出现时间预测

受病原菌群体结构复杂、田间初侵染菌源、地域性气候差异显著、品种抗性不同等因素影响，不同地区、不同品种中心病株出现时间存在差异。根据各地多年的试验结果和基于CARAH模型中心病株出现时间的预测实践，不同抗性品种建议参考以下标准进行中心病株出现时间的预测。

（1）对于高感品种。第三代第一次侵染曲线生成后，根据未来5d内天气预报提供的温度数据，对照Conce分值计算，中心病株出现时间预计在第三代第一次侵染分值为3 ~ 7期间。此时开展田间中心病株调查，每隔1d调查1次，直到调查到中心病株为止。

（2）对于中感品种。第五代第一次侵染曲线生成后，根据未来5d内天气预报提供的温度数据，对照Conce分值计算，中心病株出现时间预计在第五代第一次侵染分值为3 ~ 7期间，个别品种可能在第六代第一次。此时开展田间中心病株调查，每隔1d调查1次，直到调查到中心病株为止。

#### 2.药剂防治技术指导

马铃薯晚疫病是一种流行性病害，重在预防，一般需在致病疫霉发生侵染前后开展预防。CARAH模型对中心病株及其后侵染的预测为田间马铃薯晚疫病的预防和防治提供了依据，因此制定科学的防治策略是发挥CARAH模型作用的关键。根据张斌等的研究结果，由于不同抗性品种在不同区域中心病株出现时间存在差异，应用CARAH模型指导马铃薯晚疫病防控应分类指导。西南主产区经过多年的试验和摸索，已初步形成了适合当地的防控策略（表4-8）。北方主产区建议在参考西南地区防控策略的基础上，感病品种从第三、四代或抗病品种从第五至六代，在第一次侵染分值达4 ~ 6时开始第一次保护剂喷药防治，以后间隔7 ~ 10d用治疗性药剂防治1次；但仍需要开展相关试验，制定更有针对性、更科学的防控策略。

表4-8　CARAH模型指导下的马铃薯晚疫病防控策略

| 品种类型 | 生育时期 | 施药时间 | 施用药剂 |
|---|---|---|---|
| 高感品种 | 出苗始见期30d内 | 三代一次及以后各代一次侵<br>染Conce分值为3 ~ 7 | 喷施保护性杀菌剂 |
|  | 出苗30d后至收获期 |  | 喷施治疗性杀菌剂 |
| 中感品种 | 苗期至现蕾期 | 五代一次及以后各代一次侵<br>染Conce分值为3 ~ 7 | 喷施保护性杀菌剂 |
|  | 花期至收获期 |  | 喷施治疗性杀菌剂 |

（1）对于高感品种。出苗始见期30d内，第三代第一次侵染生成后，根据未来5d内天气预报提供的温度数据，对照Conce分值计算，每代第一次侵染湿润期分值预计达3 ~ 7时，选用保护性杀菌剂进行防治；出苗30d后至收获期内，每代第一次侵染湿润期分值预计达3 ~ 7时，选用治疗性杀菌剂进行防治，直至马铃薯叶片全部枯黄。

（2）对于中感品种。在苗期至现蕾期内，从第五代第一次侵染生成开始，根据未来5d内天气预报提供的温度数据，对照Conce分值计算，每代第一次侵染湿润期分值预计达3 ~ 7时，选用保护性

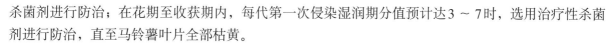

杀菌剂进行防治；在花期至收获期内，每代第一次侵染湿润期分值预计达3～7时，选用治疗性杀菌剂进行防治，直至马铃薯叶片全部枯黄。

### 3.发生预警

中心病株出现后，应及时关注极重度侵染和重度侵染湿润期形成的数量。极重度侵染和重度侵染湿润期次数之和达到或超过总侵染次数50%，未来10～15d内天气阴雨连绵或多雾、多露时，马铃薯晚疫病将呈偏重发生趋势。根据预警和田间监测结果，当田间发现中心病株后，应及时发布马铃薯晚疫病预警信息。

### （三）影响CARAH模型预测准确性的因素

病害流行是寄主、病原菌、环境以及人综合作用的结果。对于马铃薯晚疫病而言，相同品种在不同气候环境、不同菌源结构下，晚疫病的流行规律也有差异，这都影响着CARAH模型预测的准确性。

### 1.品种抗性

培育抗性品种是防控马铃薯晚疫病最直接、最经济的方法。品种抗性机制不同，有的表现出抗侵入，有的表现出抗扩散等，都将影响CARAH模型参数及其结果准确性。已有研究表明，针对抗性不同的马铃薯品种，CARAH模型对晚疫病田间中心病株出现时间预测的代次是不同的，即使是同一品种在不同区域也存在差异。感病品种符合CARAH模型的最初设计；而对于抗病品种，经常在致病疫霉发生五至六代一次侵染后，田间方可查见中心病株。目前的研究初步明确了CARAH模型针对不同抗性品种在我国应用的基本规律，但尚未建立抗性指标与中心病株出现时间预测的定量关系。此外，品种的生育期也对CARAH模型预测有影响，目前生产上早熟品种一般为感病品种，而中晚熟品种一般比较抗病。研究表明，早熟品种在三代一次、中晚熟品种在四代一次以后，田间才会发现中心病株。

### 2.气候环境

晚疫病受气候因素，特别是湿度和温度影响大，其决定着致病疫霉的侵入和侵入风险程度。因此，任何影响马铃薯种植区域气候环境的因素也将影响CARAH模型的应用，如海拔、干旱、冷凉气候等。海拔对CARAH模型的影响是通过影响湿度、温度等区域气候特征表现的，二者无直接关系。CARAH模型是基于感病品种常年在湿度较高的区域研制形成的，因此干旱的气候特征对模型应用存在影响。研究表明，由于宁夏西吉常年为干旱气候，湿度低，对湿润期的计算4h比8h更符合马铃薯种植区域气候特征。在高寒地区，CARAH模型比较符合当地晚疫病发生规律。

### 3.病原菌群体结构

病原菌群体结构对CARAH模型的影响，是通过品种抗性表现的。根据基因对基因假说，寄主的抗性基因和病菌的致病基因是对应的。在生产上，马铃薯品种多为垂直抗性品种，对少数生理小种存在抗性，且在品种选择压力大的情况下抗性也会衰退。同一个品种在不同的病原菌群体结构中的抗性表现是不一样的，因此即使针对同一个品种，CARAH模型在不同地区的适用性也会存在差异。寄生适合度可衡量马铃薯和致病疫霉的互作关系，笔者认为应考虑将寄生适合度作为CARAH模型应用的参考之一。

由于我国马铃薯产区南北气候差异大、马铃薯品种复杂，CARAH模型不可能不进行调整和校验而普遍适于我国所有的马铃薯产区。目前，虽然各地反映CARAH模型预测比较准确，但也存在着对模型原理和应用技术掌握不够而理解出现偏差的情况。今后应围绕CARAH模型在北方、南方不同生态区域下的适用性开展相关更细致深入的研究，通过模型预测与田间调查相结合的办法，研究不同品种抗性、不同区域气候特征和不同病原菌群体结构下，CARAH模型的适用性参数，分类制定应用CARAH模型开展马铃薯晚疫病监测预警的技术方法，提高我国马铃薯晚疫病监测预警水平。

## 四、应用系统平台

马铃薯晚疫病实时监测预警系统为B/S构架，基于JSP＋jQuery开发，webGIS功能基于baidu

Map二次开发，数据库包括气象数据库、侵染情况数据库、监测站点数据库等，系统总体架构如图4-20所示，由田间终端、传输层、数据层、应用层、用户层组成。田间终端负责采集田间气候数据，并通过无线传输模块将田间气候数据传输到数据库服务器，经过应用层的分析处理后，服务各级系统用户。

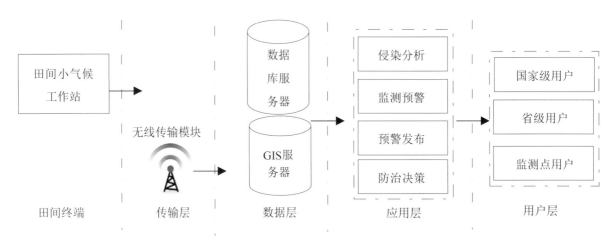

图4-20　马铃薯晚疫病实时监测预警系统构架

系统主要功能如下：

（1）田间气候数据自动采集。系统根据布置于田间的自动气象站每小时自动采集田间温度、湿度、降水等气象数据，并自动传输至数据库服务器。

（2）侵染分析。系统根据CARAH模型判定晚疫病病菌是否侵染，并逐日计算侵染积分，当积分达到7时一次侵染完成，在我国一般采用Conce方法计算侵染积分。受品种抗性等因素影响，感病品种一般在病菌第三代第一次侵染后田间即可查见中心病株，抗病品种一般在第五至六代侵染后可查见田间中心病株。系统可根据对马铃薯晚疫病的侵染情况自动绘制侵染曲线。

（3）监测预警。基于webGIS，系统在地图上实时显示各监测点的侵染状态（GIS警示和GIS插值分析）和未来几天的侵染预测，并实现对侵染情况的统计分析。

（4）防治决策支持。系统开发了防治决策和预警系统发布功能，给出各监测点的侵染情况、防治时间和用药建议等，并通过系统开发的预警信息邮件发布和短信发布平台功能，及时将马铃薯晚疫病侵染情况、预测意见和防治措施推送到政府决策部门、技术人员以及农民手中。

（一）查看侵染情况

打开网址http://www.chinablight.org，输入用户名、密码，登录使用系统。在系统主界面的地图上，以红色、黄色、蓝色和绿色圆形标志分别表示三代及以上侵染、二代侵染、一代侵染和无侵染，点击查看该站点具体侵染信息以及田间小气候信息（图4-21）。同时，在主界面左侧也可查看或筛选不同侵染情况的站点，或通过站点、区县、侵染状态等查询。

历史侵染情况的查询，可通过"历史侵染状态"进行查看。

（二）趋势预测

点击主界面上方"三天预报"，可实现对未来3d每24h的马铃薯晚疫病侵染发生情况进行预测（图4-22）。

（三）监测预警

1.监测期设置

根据CARAH模型原理，出苗始见期是模型预测的起点，直接影响预测的准确性。在监测期设置页面，点击"增加"，设置出苗期、收获期和主要品种等信息（图4-23）。

图4-21　查看站点侵染情况

未来三天情况

数据列表

| | 用户树 | 当前状态 | 24h趋势 | 48h趋势 | 72h趋势 | 备注 |
|---|---|---|---|---|---|---|
| 1015 | 滕州市东郭镇后张坡村 | 无侵染 | 有雨 | | | |
| 1016 | 滕州市东郭镇甩城店村 | 无侵染 | 有雨 | | | |
| 1017 | 滕州市东郭镇下户主村 | 无侵染 | 有雨 | | | |
| 1018 | 滕州市姜屯镇高庄村 | 无侵染 | 有雨 | | | |
| 1019 | 滕州市姜屯镇王楼村 | 无侵染 | 有雨 | | | |
| 1020 | 滕州市界河镇东万院村 | 无侵染 | 有雨 | | | |
| 1021 | 滕州市界河镇房岭村 | 无侵染 | 有雨 | | | |
| 1022 | 滕州市界河镇化里村 | 无侵染 | 有雨 | | | |
| 1023 | 滕州市界河镇西柳泉村 | 无侵染 | 有雨 | | | |
| 1024 | 滕州市龙阳镇后司村 | 无侵染 | 有雨 | | | |
| 1025 | 滕州市龙阳镇上司堂村 | 无侵染 | 有雨 | | | |
| 1026 | 滕州市龙阳镇张沙土村 | 无侵染 | 有雨 | | | |
| 1027 | 福建 | | | | | |
| 1028 | 福州市 | | | | | |
| 1029 | 平潭县 | | | | | |
| 1030 | 福州平潭芦洋乡 | 第3代 | 4.25↑ | 4.25 -- | 5↑ | 需要防治 |
| 1031 | 宁德市 | | | | | |
| 1032 | 霞浦县 | | | | | |
| 1033 | 宁德霞浦县 | 第7代 | 4↑ | 4 -- | 4.75↑ | 需要防治 |
| 1034 | 安徽 | | | | | |
| 1035 | 阜阳市 | | | | | |

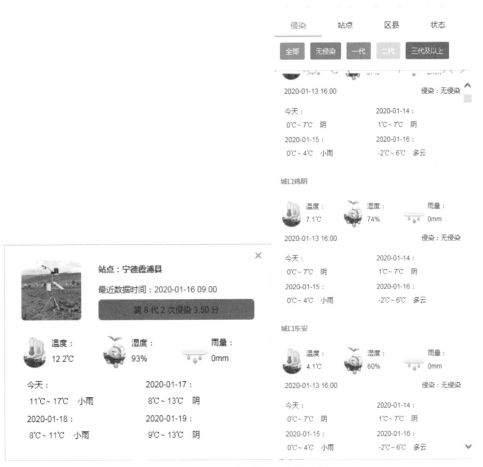

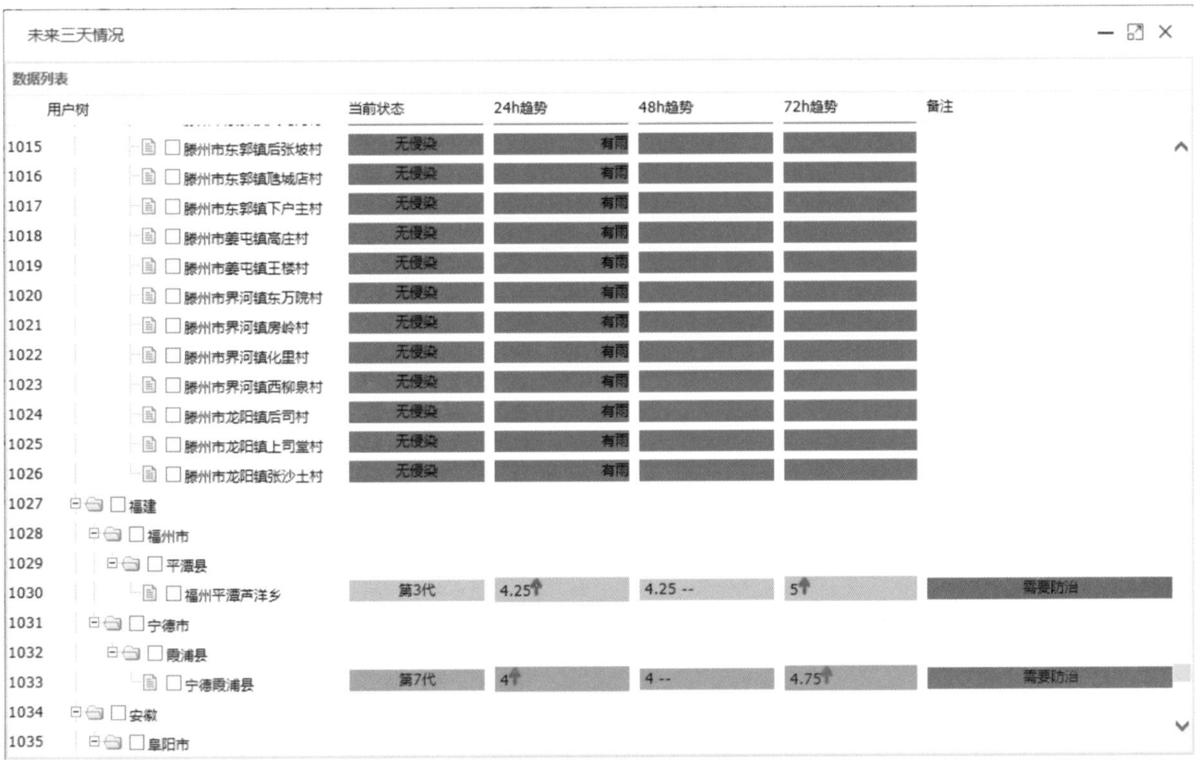

图4-22　未来3d马铃薯晚疫病侵染情况预测

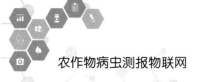

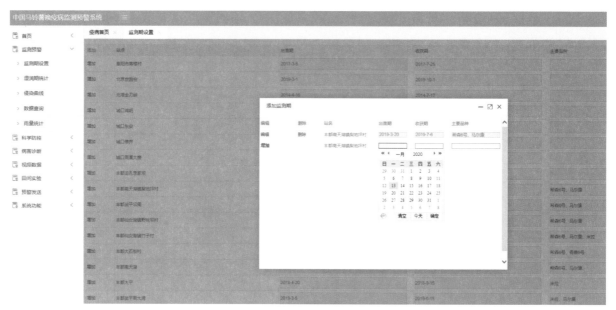

图 4-23　监测期设置

### 2.侵染风险分析

打开"湿润期统计"页面，选择监测站点、分析时期，分析马铃薯晚疫病的侵染风险，并以列表形式显示侵染开始时间、结束时间、时长、平均温度、侵染程度等信息（图4-24）。

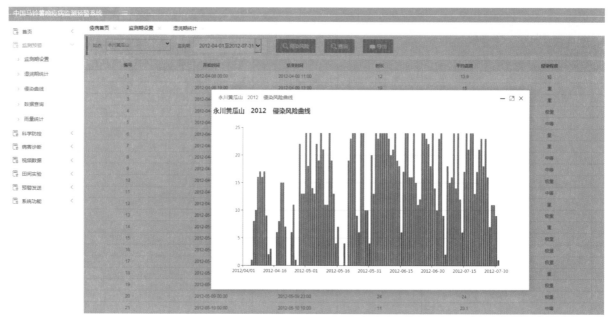

图4-24　侵染风险分析

### 3.侵染曲线

打开"侵染曲线"页面，选择监测站点、分析时期，绘制侵染曲线（图4-25）。

### 4.侵染统计分析

打开"侵染统计分析"页面，选择监测站点、年份、分析指标等，对不同年份的侵染情况进行比较分析（图4-26）。

### 5.数据查询

打开"数据查询"页面，选择监测站点、分析时期、查询类型（日或月），列表显示站点田间小气候信息（图4-27）。

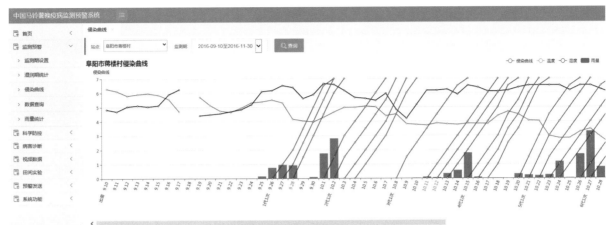

图4-25 侵染曲线

图4-26 历年侵染情况对比分析

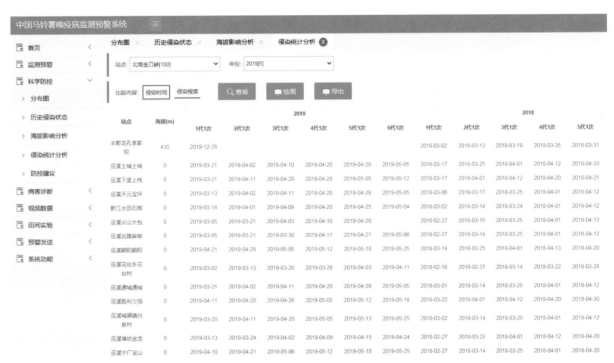

图4-27 田间小气候数据查询

打开"雨量统计"页面，选择监测站点、分析时期，列表或图示显示站点田间雨量信息（图4-28）。

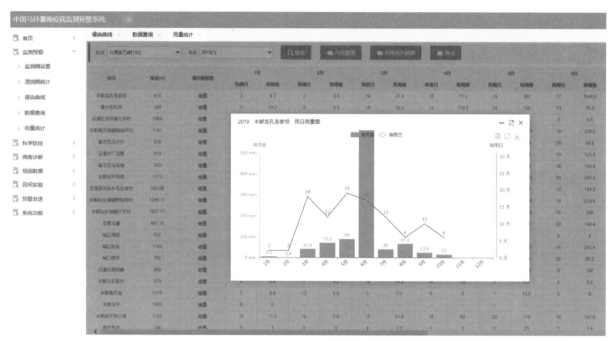

图4-28　降水量统计

### 6.防控建议

在"防控建议"页面，根据不同侵染情况，提供不同的防控建议。

## 第三节　病菌孢子培养统计分析系统

病原菌是植物病害三角或四面体中的要素之一，其繁殖体或传播体的量或密度是病害发生和流行的一个重要驱动因子。病菌孢子监测是小麦条锈病、白粉病等气传病害监测的重要手段。

对病菌孢子的监测，早期主要采用水平玻片法，利用水平放置涂有凡士林等黏性物质的玻片，依靠重力沉降来收集病原菌孢子。此方法经济且简便易行，并可提供一定程度的定量或半定量信息；但只适于较大孢子，且易受旋风、涡流的影响，捕捉效能不高。与之相似的还有垂直或倾斜玻片法或垂直圆柱体法，以及后来的旋转垂直胶棒孢子捕捉仪，主要是利用孢子在空气中的运动对收集器表面的碰撞而截获孢子。受外界风力的影响，该法收集效能随风速而异。后期发展到主动吸入收集病菌孢子，如吸入型孢子碰撞捕捉仪，多用真空泵或其他空气驱动装置把孢子吸入捕捉仪内，通过碰撞着落到一个运动的收集表面，可计算出单位时间的孢子数量。移动式孢子捕捉仪或取样器的设计，吸取了以上一些捕捉仪或装置的优点，充分利用空气动力学原理，收集效率最高可达99%。

由于传统孢子捕捉仪的一些缺陷，鉴定计数定量比较困难。随着现代信息技术和生物学技术的发展，将新技术与传统监测方法结合，可使病原菌的监测更有效和更准确。在远程监测方面，通过田间孢子培养拍照，实现在室内进行人工计数，减少下田频次。在鉴定定量方面的研究已越来越受到关注，发展了免疫荧光技术、实时定量聚合酶链式反应（PCR）技术检测孢子的方法。英国 Rothamsted 试验站通过把单克隆抗体技术与 Rotorod 捕捉仪结合，设计出了旋转臂"免疫捕捉仪（Immunotrap）"，并尝试用来定量监测油菜黑斑病病菌孢子。

## 一、系统构成

病菌孢子培养统计分析系统由田间病菌孢子捕捉仪（图4-29）和数据分析系统组成。

## 二、应用技术

### （一）网页版应用系统

打开全国农作物病虫害实时监控物联网，点击"孢子统计"进入病菌孢子培养分析系统。在左侧栏选择监测地区，在地图上选择监测点，出现如图4-30所示的功能窗口。

图4-29　孢子捕捉仪

图4-30　选择查看孢子图片或详情

#### 1.查看捕捉孢子图片

点击"查看图片"查看捕捉孢子情况。左侧为监测日期，右侧为孢子图片显示。在图片下边可选择查看不同采集时间的图片（图4-31）。

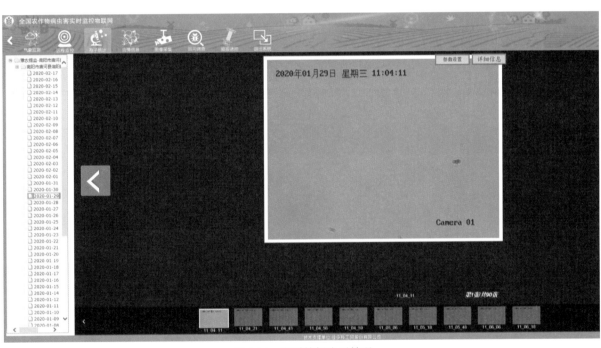

图4-31　查看捕捉孢子情况

#### 2.参数查看与设置

点击"参数设置"查看设备运行状态，设置孢子捕捉拍照时间频率，对设备进行运行控制等（图4-32至图4-34）。

图4-32　查看设备运行状态

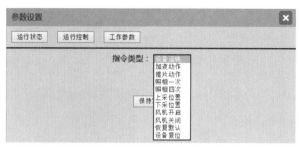

图4-33　远程控制孢子捕捉仪

图4-34　设备工作参数设置

### 3.查看孢子详情

点击图4-30中的"孢子详情"，可以查看孢子发育趋势（图4-35）。

图4-35　查看孢子发育趋势

### （二）桌面版应用系统

双击打开桌面"佳多孢子培养统计分析系统"。该系统区域站点在全国按照省、市、县、乡划分，如点击"河南省鹤壁市浚县监测站"（图4-36）。

图4-36　监测站点选择

### 1.查看孢子图片

如网页版操作一样，选择日期、时间，查看孢子图片（图4-37）。这些图片已经过系统优选，不清晰的照片已被筛除。

### 2.查看孢子动态

单击右上角"曲线信息"，查看某一时间段的孢子曲线信息（图4-38）。

单击右上角"详细信息"，查看当前选择图片的孢子信息（图4-39）。

### 3.查看设置设备运行参数

单击"参数设置"，可查看设备运行状态（图4-40），具体参照网页版。

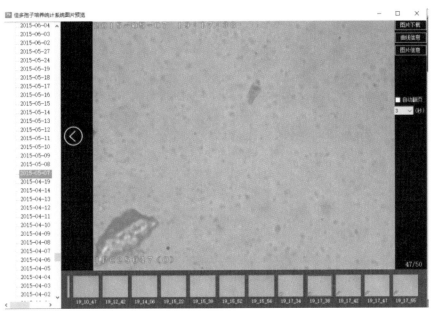

图4-37　查看孢子图片

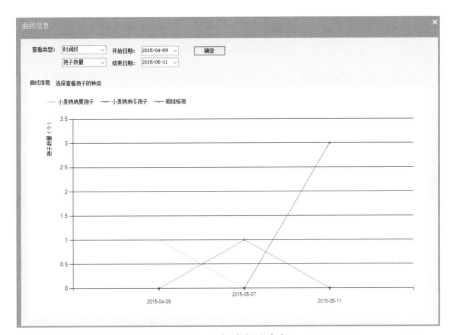

图4-38　查看孢子动态

| 孢子种类 | 孢子数量 | 温度（℃） | 湿度（%RH） |
| --- | --- | --- | --- |
| 小麦锈病冬孢子 | 1 | 19 | 76 |

图4-39　查看孢子信息

图4-40　查看设置设备运行参数

# 第五章 农作物病虫害田间移动智能采集系统

## 第一节 病虫害移动感知终端

　　智宝（ZPro）病虫害移动感知终端，由中国科学院合肥智能机械研究所、安徽中科智能感知大数据产业技术研究院有限责任公司研发。该终端针对田间病虫害调查的需求，实现了病虫害发生数据、田间小气候数据的获取、处理、识别、分析与上报，为农作物重大病虫害预测预报提供大数据支撑。

### 一、移动感知终端结构及其性能特点

（一）终端结构

　　智宝（ZPro）病虫害移动感知终端，主要由无线镜头、温湿度蓝牙传感器、智能信息终端、探杆、支撑架等部分组成（图5-1）。不同工作模式下，设备配件组成不同（表5-1）。

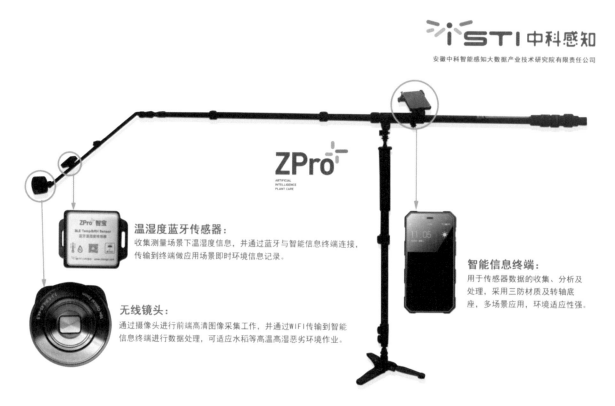

图5-1　智宝（ZPro）病虫害移动感知终端的结构

表5-1　不同工作模式的终端特点、配件组成与适用范围

| 工作模式 | 配件组成 | 适合作物 | 特 点 |
|---|---|---|---|
| 手持模式 | 智能信息终端 | 小麦、玉米、大豆、油菜 | 使用不方便，建议只使用智能信息终端 |
| 微距模式 | 微距镜头、智能信息终端、温湿度传感器 | 小麦、水稻 | 适合拍摄尺寸极小的病虫害 |
| 探杆模式 | 无线镜头、探杆套件、智能信息终端、温湿度传感器 | 小麦、大豆、油菜、果树 | 适合拍摄距离较近的范围 |
| 支架模式 | 无线镜头、探杆套件、智能信息终端、温湿度传感器、支撑架 | 水稻、果树 | 适合拍摄距离较远、高度较高的范围 |

注：探杆套件包含手持探杆、万向折叠杆、镜头连接座、温湿度传感器固定座、智能信息终端固定架。

（二）主要性能特点

（1）病虫害发生情况采集。配置高等级、长待机时间的三防智能信息终端，快速获取病虫害高清图像数据。探杆长度1～4m（可调节），可深入拍摄农作物底部病虫害发生情况。支持无线通信，实现病虫害数据（发生强度、地理位置）实时上报。

（2）智能识别与等级分析。病虫害图像的智能识别与等级分析，病虫害发生地理位置获取，病虫害相关各类数据的上报。

（3）多种田间调查模式。支持手持模式、微距模式、探杆模式、支架模式等多种田间调查模式的自由切换，增强对不同农作物及病虫害调查的针对性和有效性。

## 二、移动感知终端组装与维护

（一）安装

不同探杆模式安装不同，手持模式、支架模式的结构分别见图5-2、图5-3。

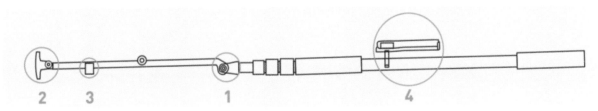

图5-2　手持模式结构

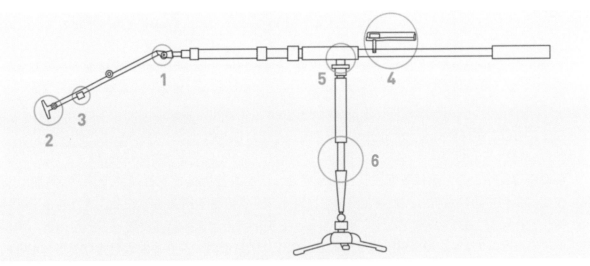

图5-3　支架模式结构

### 1.手持模式安装

①万向折叠杆通过旋钮安装到手持探杆上；②无线镜头安装在万向折叠杆上；③温湿度传感器通过卡扣扣紧支架前端；④智能信息终端通过固定架夹持在手持探杆上；⑤安装完毕，准备拍摄。

### 2.支架模式安装

①万向折叠杆通过旋钮安装到手持探杆上；②无线镜头安装在万向折叠杆上；③温湿度传感器通过卡扣扣紧支架前端；④智能信息终端通过固定架夹持在手持探杆上；⑤手持探杆通过关节卡紧在支撑架上，调节支撑架到适当高度；⑥调节探杆长度及方向，准备拍摄。

### 3.微距模式安装

为智能信息终端安装微距镜头即可拍摄，注意微距镜头正对智能信息终端的背面镜头。

### （二）基本设置

智宝（ZPro）病虫害移动感知终端应用软件（适用 Android 系统5.0以上）是一款针对田间重大病虫害智能识别的专业移动应用程序。终端软件系统可以实现相关的重大病虫害发生图像、发生位置、发生数量、微环境等数据的实时上报反馈。基于植保大数据与人工智能技术，实现重大病虫害精准识别与分析，只需要拍摄照片，即可快速、精确识别出准确的病虫害类型及数量。此外，针对重大病虫害系统结合自动识别结果，可进一步对病虫害发生程度进行智能分级。

### 1.用户登录

安装成功后，点击App图标启动程序，进入登录界面。输入账号和密码，验证成功后进入首页界面。用户需要登录才能使用该产品的全部功能，登录用户名和密码需要联系管理员后进行分配，登录后系统自动记录登录信息。

### 2.模式选择

智宝App拥有两种工作模式：普通模式、探杆模式，系统默认为普通模式。

在系统首页选择应用模式，其中普通模式直接使用智能手机自带的摄像头进行图片采集；探杆模式需要连接植保探杆摄像头进行图片采集（图5-4）。

图5-4　选择探杆模式

### 3.连接摄像头

点击图5-4的"点击连接"按钮，根据提示选择"二维码扫描"或"手动连接"方式（图5-5），连接摄像头。

点击"二维码扫描"，打开摄像头底部后盖，扫码连接摄像头（图5-6）。点击"手动连接"，选择无线网连接摄像头。

图5-5　选择连接方式

### 4.连接传感器

打开蓝牙，点击"点击连接"按钮，在检测到的蓝牙类别内选择连接方式，连接传感器（图5-7）。或者在图5-5点击"手动连接"，选择蓝牙连接环境传感器。连接成功后自动显示环境各类参数。

连接成功后，在首页点击"点击拍照"按钮进行拍摄（图5-8）。

### （三）维护

在使用过程中，为了确保数据完整性和准确性，务必打开智能信息终端的卫星定位功能。摄像头在使用过程中请注意防水。如果在使用中，有水滴、水汽落于摄像头外壳上，请及时用柔软的吸水物品轻抹除去。注意保护摄像头的镜头部分，不要用手指触摸。温湿度传感器使用内置电池供电，正常使用寿命为2年。当出现因为电量低而无法工作的情况时，需在专业人员指导下进行电池的维护。

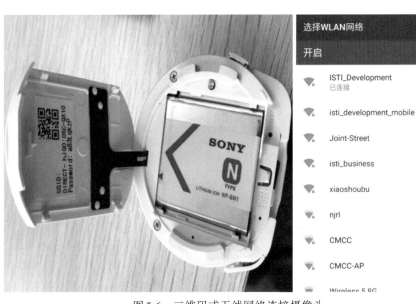

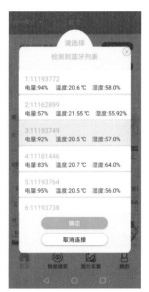

图5-6 二维码或无线网络连接摄像头 | 图5-7 通过蓝牙连接传感器

不要使用衣物擦拭镜头,需使用专业镜头清洁工具;摄像头不可保存在高温或者高湿的地方,应尽量保持摄像头干燥;使用后请及时将智能信息终端放入背包,以防刮花屏幕;长时间不使用,建议隔一段时间对锂电池进行充电,以保持更好的电池活性。

图5-8 探杆模式拍照

## 三、应用技术

### (一)田间病虫害图片采集

图片采集模块主要是采集病虫害图片,不进行智能识别分析。选择农作物类型、病害或虫害,再选择病虫害类型,输入此图片的描述,点击上传。基于网速及图片大小,此过程可能需耗费一定时间,请耐心等待。其中,"作物类型"和"病虫害类型"是必填项。单次可以上传20张图片(图5-9)。

图5-9 图片采集

拍摄区域要求：针对每种害虫在植株上聚集区域、病害在植株上发生区域，摄像头对准该区域进行拍摄。

拍摄时机要求：在使用终端进行图片采集时，应看到手机屏幕显示比较清晰的病虫害画面时（即镜头聚焦完成）再点击拍摄，尽量避免出现因抖动而模糊的图像。

图片质量要求：图片主体必须包含目标病虫害显著特征区域，并且保证特征区域对焦清晰，可参照表5-2进行拍摄。

表5-2　部分病虫害拍摄标准

| 类型 | 名称 | 取景范围 | 角度与距离 |
|---|---|---|---|
| 害虫 | 稻飞虱 | 侧面正对拍摄水稻根部以上稻飞虱聚集区域；镜头垂直深入丛中俯视拍摄根部以上稻飞虱聚集区域 | 角度：水平至30°；距离：5～10cm、10～15cm，其中以距离5～10cm清晰状态为主 |
| | 稻纵卷叶螟 | 应以一定数量水稻叶片（肉眼能分清）的侧面图像为主 | 角度：30°～60°；距离：10～20cm、20～30cm，其中以距离20～30cm清晰状态为主 |
| | 麦蜘蛛 | 冬前镜头贴地面，春季镜头垂直地面 | 角度：水平至90°；距离：5～10cm、10～15cm，其中以距离5～10cm清晰状态为主 |
| | 小麦蚜虫 | 拔节前拍摄小麦全株，孕穗后对准麦株中上部拍摄 | 角度：水平至30°；距离：5～10cm、10～15cm，其中以距离5～10cm清晰状态为主 |
| | 其他 | 其他害虫如：二化螟、大螟、叶蝉、稻螟蛉、黏虫等可以根据调查实际情况参照上述几种类型取景拍摄 | 根据调查特征，参照上述形式 |
| 病害 | 纹枯病 | 水稻基部对准水稻中下部进行拍摄（采用单侧拍摄） | 角度：水平至30°；距离：10～20cm、20～30cm，其中以距离10～20cm清晰状态为主 |
| | 赤霉病 | 应以一定数量小麦穗部（肉眼能分清）的侧面图像为主 | 角度：30°～60°；距离：10～20cm、20～30cm，其中以距离20～30cm清晰状态为主 |
| | 其他 | 其他病害如：细菌性条斑病、稻曲病、穗颈瘟等可以根据调查实际情况参照上述几种类型取景拍摄 | 根据调查特征，参照上述形式 |

## （二）智能调查

智能调查模块是对用户上传的一组照片进行自动分析，给出病虫害种类、数量及发生等级。目前，针对小麦、水稻、油菜、玉米、大豆5种农作物的主要病虫害可实现自动分析功能。在上传页面上传一组待调查田块拍摄的病虫害图片，选择农作物类型及生育时期，上传成功后会在记录里显示出来，点击列表查看记录详情（调查报告）。其中，"作物类型"和"生长期"是必填项（图5-10）。

在记录详情页面（调查报告页面）可对调查等级进行人工修改。点击平均等级后面的图标按钮，可以人工判断后对智能调查的等级进行修改（图5-11）。

图5-10　病虫害智能调查

图5-11　修改病虫害发生等级

## 📆 第二节　病虫害图像大数据建设

### 一、田间病虫害图像数据建设

截至2019年5月，共收集获取田间病虫害图像50万张以上，建立了田间病虫害图像数据库及知识库。其中，田间重大病虫害图像的人工标记处理量达500万处以上，为机器学习算法框架提供了数据支撑。主要包含小麦、水稻、玉米、油菜等主要农作物常见病害83种，根据不同的症状发生部位、时间等类型细分为104种，共21.3万张图像（部分病害样本如图5-12所示）；常见害虫213种，根据

图5-12　田间病害图像样本

不同的形态（成虫、幼虫、若虫）细分为363种，共17.3万张图像（部分虫害样本如图5-13所示）；其他病虫害图像共10万余张。同时，构建较为专业的病虫害知识库及知识图谱，病害知识库信息包括：名称、地理分布、详细的发病症状、病原物、侵染循环、发生因素和防治方法等，害虫知识库信息包括：名称、分类地位、地理分布、寄主、为害症状、形态特征、生活习性、发生因素和防治方法等。

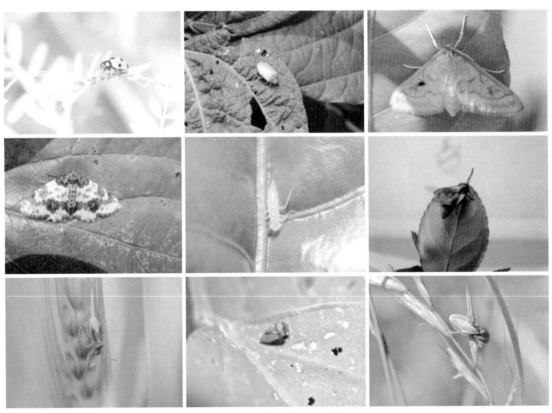

图5-13　田间害虫图像样本

## 二、灯下害虫图像数据建设

截至2019年5月，在河南、广西、新疆等20余个省份的165个站点，通过实时拍照记录灯下害虫发生数据，建立43种害虫样本库，约20万张图像。灯下害虫图像人工标记处理量达100万处以上，主要包括稻飞虱、二化螟、棉铃虫、玉米螟、铜绿异丽金龟等（图5-14）。

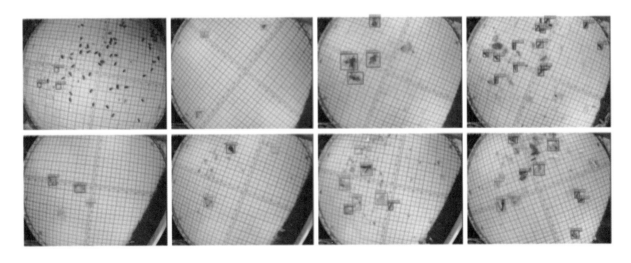

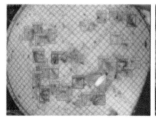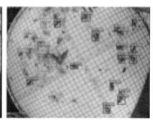

图5-14　智能识别灯诱害虫图片

## 三、图像自动识别分析算法引擎框架

基于人工智能技术实现对田间海量重大病虫害图像数据的智能分析、处理与识别，进而提供精准、高效的病虫害监控。整体技术路线：首先，对田间感知的病虫害图像进行标注和规范处理，构建大数据图像库。其次，基于深度学习模型，对已有的病虫害数据进行训练学习，建立病虫害识别与分析引擎、病虫害可视化分析与决策引擎。最后，基于分析算法引擎框架给出病虫害自动分析结果，构建重大病虫害动态监测预警系统平台，为种植大户、植保人员、主管部门等用户提供相应农业病虫害决策防控服务。技术路线如图5-15所示。

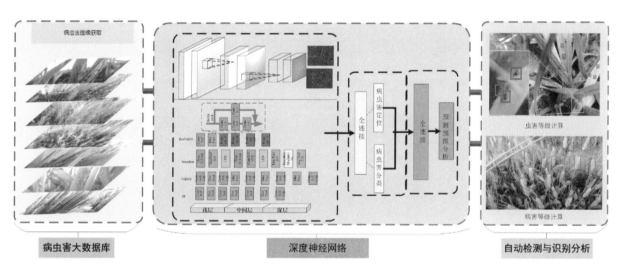

图5-15　算法引擎总体技术路线

### 1.田间病虫害图像识别准确率

经测试，目前针对田间重大病虫害识别智宝病虫害管理服务系统（ZPro）平均精度达80%以上，通用版病虫害识别App——随识（Sensee）平均识别率达70%以上。智宝系统部分田间病虫害（134种）识别种类及精度列入表5-3。

表5-3　智宝系统部分田间病虫害识别图像数量与识别率

| 名　称 | 图像数量（张） | 识别率（%） | 名　称 | 图像数量（张） | 识别率（%） |
|---|---|---|---|---|---|
| 麦蚜 | 12 922 | 84.9 | 油菜叶露尾甲幼虫 | 244 | 72.3 |
| 麦蜘蛛 | 24 280 | 89.0 | 菜蟓成虫 | 577 | 72.1 |
| 麦黏虫 | 4 587 | 92.6 | 斑衣蜡蝉成虫 | 693 | 71.8 |
| 小麦赤霉病 | 15 848 | 75.4 | 美国白蛾成虫 | 105 | 71.6 |
| 小麦纹枯病 | 5 747 | 72.4 | 稻螟蛉成虫 | 156 | 71.3 |
| 小麦条锈病 | 159 | 64.4 | 棉铃虫幼虫 | 935 | 71.2 |
| 小麦白粉病 | 1 434 | 77.8 | 菜粉蝶成虫 | 155 | 70.4 |

（续）

| 名　称 | 图像数量（张） | 识别率（%） | 名　称 | 图像数量（张） | 识别率（%） |
|---|---|---|---|---|---|
| 稻飞虱 | 10 646 | 86.7 | 瓜绢螟幼虫 | 129 | 69.9 |
| 稻瘟病 | 6 710 | 74.8 | 假眼小绿叶蝉成虫 | 189 | 69.8 |
| 稻曲病 | 4 876 | 70.0 | 条螟成虫 | 183 | 69.6 |
| 穗颈瘟病 | 3 894 | 73.7 | 甘薯肖叶甲成虫 | 121 | 69.5 |
| 稻纵卷叶螟 | 2 462 | 83.8 | 大造桥虫 | 1 216 | 69.4 |
| 油菜菌核病 | 20 182 | 89.4 | 甘薯台龟甲成虫 | 144 | 69.2 |
| 油菜霜霉病 | 4 603 | 85.4 | 菜螟 | 227 | 69.2 |
| 斜纹夜蛾成虫 | 124 | 86.2 | 斑鞘豆叶甲成虫 | 128 | 68.8 |
| 茶尺蠖幼虫 | 396 | 85.2 | 黑尾大叶蝉成虫 | 231 | 68.8 |
| 离斑棉红蝽成虫 | 151 | 84.5 | 透翅疏广蜡蝉成虫 | 262 | 68.4 |
| 苹果小卷蛾成虫 | 118 | 83.1 | 锚纹二星蝽成虫 | 149 | 68.2 |
| 茶籽象成虫 | 171 | 82.6 | 葡萄十星叶甲幼虫 | 106 | 68.1 |
| 眼纹疏广蜡蝉成虫 | 103 | 81.7 | 豌豆彩潜蝇 | 180 | 67.4 |
| 点蜂缘蝽若虫 | 283 | 80.4 | 桃一点斑叶蝉成虫 | 164 | 66.4 |
| 二星蝽成虫 | 105 | 80.3 | 黄足黄守瓜成虫 | 580 | 66.4 |
| 稻黑蝽成虫 | 158 | 80.3 | 菜粉蝶幼虫 | 413 | 65.6 |
| 柿广翅蜡蝉成虫 | 158 | 78.5 | 瘤缘蝽成虫 | 328 | 65.5 |
| 宽带凤蝶幼虫 | 108 | 78.0 | 小菜蛾幼虫 | 366 | 65.3 |
| 点蜂缘蝽成虫 | 784 | 77.4 | 中华稻蝗成虫 | 248 | 64.6 |
| 广二星蝽成虫 | 214 | 77.0 | 掌夜蛾幼虫 | 301 | 64.5 |
| 碧蛾蜡蝉成虫 | 157 | 76.9 | 烟盲蝽成虫 | 162 | 64.3 |
| 雀纹天蛾成虫 | 119 | 76.3 | 亚洲玉米螟幼虫 | 634 | 64.2 |
| 稻铁甲成虫 | 188 | 76.2 | 樟个木虱若虫 | 225 | 64.2 |
| 宁波尾大蚕蛾成虫 | 351 | 75.9 | 赤条蝽成虫 | 345 | 63.6 |
| 横纹菜蝽成虫 | 100 | 75.7 | 黏虫幼虫 | 3 507 | 63.3 |
| 稻棘缘蝽成虫 | 283 | 75.3 | 黑尾叶蝉成虫 | 267 | 63.1 |
| 油菜茎象甲成虫 | 357 | 73.9 | 葡萄斑叶蝉成虫 | 125 | 62.6 |
| 丝棉木金星尺蛾成虫 | 181 | 73.2 | 七星瓢虫成虫 | 116 | 62.0 |
| 斑须蝽成虫 | 334 | 73.0 | 桃蛀野螟幼虫 | 111 | 62.0 |
| 稻赤斑沫蝉成虫 | 166 | 72.9 | 大螟幼虫 | 364 | 61.8 |
| 苎麻珍蝶成虫 | 235 | 72.8 | 葱黄寡毛跳甲成虫 | 145 | 61.5 |
| 黄尖襟粉蝶成虫 | 121 | 72.7 | 黄足黑守瓜成虫 | 119 | 61.5 |
| 棉铃虫成虫 | 169 | 72.6 | 茄二十八星瓢虫成虫 | 128 | 61.4 |
| 棉蝗成虫 | 192 | 72.3 | 黏虫成虫 | 147 | 60.7 |
| 八点广翅蜡蝉 | 297 | 72.2 | 黑蚱蝉成虫 | 161 | 60.5 |
| 短额负蝗成虫 | 552 | 72.0 | 苎麻珍蝶幼虫 | 449 | 60.4 |
| 宽边黄粉蝶成虫 | 120 | 72.0 | 条沙叶蝉成虫 | 453 | 60.3 |
| 红袖蜡蝉成虫 | 658 | 72.0 | 南瓜白粉病 | 1 835 | 89.9 |
| 小绿叶蝉成虫 | 187 | 71.4 | 葡萄叶斑枯病 | 1 076 | 89.1 |
| 米象成虫 | 107 | 71.2 | 番茄疮痂病 | 2 127 | 87.5 |

（续）

| 名　　称 | 图像数量（张） | 识别率（%） | 名　　称 | 图像数量（张） | 识别率（%） |
|---|---|---|---|---|---|
| 直纹稻弄蝶成虫 | 228 | 70.7 | 葡萄轮斑病 | 1 383 | 87.0 |
| 油菜叶露尾甲成虫 | 205 | 70.6 | 番茄花叶病毒病 | 373 | 83.4 |
| 壁蝽成虫 | 251 | 70.4 | 番茄斑枯病 | 1 771 | 81.7 |
| 女贞瓢跳甲成虫 | 212 | 70.4 | 草莓叶枯病 | 1 109 | 81.3 |
| 青凤蝶成虫 | 281 | 70.1 | 番茄叶霉病 | 952 | 80.2 |
| 紫榆叶甲成虫 | 101 | 69.8 | 番茄早疫病 | 1 000 | 76.4 |
| 福寿螺卵 | 155 | 78.5 | 柑橘黄龙病 | 5 507 | 76.1 |
| 电光叶蝉成虫 | 108 | 78.0 | 棉花褐斑病 | 107 | 75.4 |
| 台湾黄毒蛾成虫 | 143 | 77.7 | 番茄晚疫病 | 1 909 | 75.0 |
| 二化螟成虫 | 153 | 76.9 | 苹果轮纹病（果实） | 100 | 77.9 |
| 柑橘凤蝶成虫 | 118 | 76.7 | 花生焦斑病 | 208 | 72.1 |
| 梨剑纹夜蛾成虫 | 320 | 75.5 | 水稻白叶枯病 | 723 | 71.3 |
| 大稻缘蝽成虫 | 290 | 76.4 | 番茄斑点病 | 1 404 | 76.2 |
| 大叶黄杨长毛斑蛾成虫 | 146 | 76.3 | 油菜黑斑病 | 324 | 73.7 |
| 丝带凤蝶成虫 | 366 | 74.8 | 苹果炭疽病（果实） | 100 | 73.6 |
| 毛胫夜蛾幼虫 | 148 | 74.6 | 茶圆赤星病 | 129 | 73.2 |
| 绿鳞象甲成虫 | 445 | 74.3 | 水稻叶黑肿病 | 284 | 73.0 |
| 稻螟蛉幼虫 | 359 | 74.0 | 玉米大斑病 | 985 | 72.8 |
| 黄伊缘蝽成虫 | 116 | 73.8 | 大豆紫斑病 | 1 885 | 70.9 |
| 大灰象甲成虫 | 155 | 72.9 | 油菜茎秆生理性开裂 | 549 | 70.7 |

2. 灯下害虫图像识别准确率

经测试，目前灯下害虫识别与计数平均识别率达80%以上。部分灯下害虫（16种）识别率见表5-4。

**表5-4　部分灯下害虫识别图像数量与识别率**

| 害虫名称 | 图像数量（张） | 识别率（%） | 害虫名称 | 图像数量（张） | 识别率（%） |
|---|---|---|---|---|---|
| 稻纵卷叶螟 | 11 464 | 84.01 | 大螟 | 11 686 | 78.75 |
| 二化螟 | 9 472 | 76.67 | 小地老虎 | 15 538 | 83.09 |
| 黏虫 | 20 877 | 82.76 | 甘蓝夜蛾 | 8 634 | 72.46 |
| 棉铃虫 | 39 020 | 86.60 | 旋幽夜蛾 | 22 134 | 82.32 |
| 玉米螟 | 32 017 | 79.64 | 暗黑鳃金龟 | 14 317 | 87.91 |
| 二点委夜蛾 | 37 364 | 80.5 | 铜绿异丽金龟 | 23 790 | 88.91 |
| 斜纹夜蛾 | 13 181 | 81.73 | 东方蝼蛄 | 23 971 | 90.11 |
| 甜菜夜蛾 | 21 497 | 66.07 | 细胸金针虫 | 9 490 | 81.35 |

📅 **第三节　智能化移动病虫测报系统平台**

## 一、智宝病虫害管理服务系统

智宝病虫害管理服务系统，为植保用户、机构提供一套综合性的病虫害识别、分析、信息收集、大数据挖掘、趋势分析工具（图5-16至图5-18）。通过可视化的数据分析、统计手段，为用户全面掌握病虫害发生强度、分布给予有效支持；通过对历史数据的分析与管理，协助用户掌握区域内的病虫害发生趋势。同时，结合气象数据，可以进一步实现病虫害发生的预报预测。

图5-16　病虫害采集列表

图5-17　病虫害采集上传页面

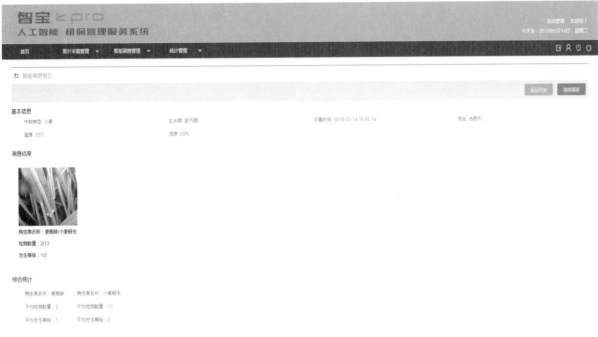

图5-18　病虫害智能调查页面

## 二、"随识"病虫害识别

### 1.通用版病虫害识别App——随识

主要面向种植大户、家庭农场、合作组织等普通用户，提供精准、高效、快速、低成本的病虫害识别与诊断服务。用户随时随地拍照或上传农作物病虫害图片即可获取病虫害的种类和相应的初步防治方法，同时可进行信息上报和记录，为重大病虫害监测预警提供大数据支撑与决策。目前，该款应用软件支持500余种常见病虫害的自动识别，平均识别率达70%以上，重大病虫害识别精度达80%以上（图5-19至图5-21）。

### 2.随识病虫害智能识别服务系统

随识病虫害智能识别服务系统，主要为种植大户、家庭农场、合作组织等提供病虫害识别与诊断服务，也为政府机构提供一套综合性的病虫害信息收集、趋势分析工具（图5-22、图5-23）。

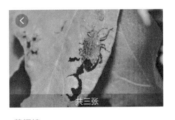

图5-19　首　页　　　　图5-20　识别结果　　　　图5-21　识别结果详情

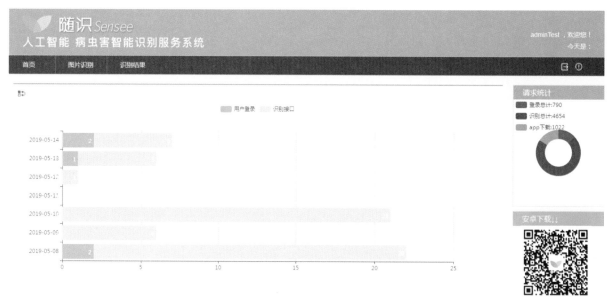

图5-22　后台用户及识别数量统计

图5-23　在线识别病虫害

# 第六章　农田生境监测物联网

## 第一节　农田生态远程监控系统

佳多生态远程监控系统采用高清360°旋转监测设备，可分辨以监测设备为中心且半径25m范围内1cm²大小的物体、半径10m范围内1mm²大小的物体，通过手机版、PC版、web版系统平台实现对病虫害发生实况的远程实时监测。

### 一、系统构成及功能

农田生态远程监控系统由安装在观测场或监测点的高清摄像头，以及控制系统平台等构成。高清摄像头为360°可旋转摄像头。

利用在田间布设的高清摄像头，可对田间农作物及病虫害发生情况进行远程监控。根据四川省三台县2016—2018年对水稻螟虫、玉米螟2种害虫的螟害率监测结果可知，由于摄像头无法深入农作物下部和底部，远程监测的螟害率一般低于人工调查的螟害率。对3年两者监测数据的相关性分析表明，远程监测与人工调查结果的相关系数为0.806 1，可在一定程度上反映害虫为害情况，在后续研究建立其与人工调查关系的基础上，可更好地用于田间农作物长势、生育时期与病虫害发生情况等的监测。

### 二、应用技术

#### （一）在线监测系统

##### 1.选择监测点

打开全国农作物病虫害实时监控物联网的"远程监控"模块，在左侧列表内选择所在行政区域，如陕西省咸阳市兴平市；选择监测点，如丰仪镇温坊村中心点（图6-1）。

图6-1　选择远程监测点

**2.安装插件**

初次使用时，请先点击监测点名称后的压缩包安装视频显示插件，中心点和一般点要分别安装。

**3.打开监控视频**

点击视频缩略图下部的"球机"（图6-1），在新窗口中打开监控视频（图6-2）。

图6-2 打开监控视频

**4.调整监控视频**

用户可点击图6-3中的箭头，调整监测视图；点击相关按钮调远近、调焦距、调光圈，一般不用调焦距和光圈。

当出现如图6-4显示的当前使用的浏览器内核不匹配，需要切换IE浏览器时，对于360浏览器，请按F12或点击菜单的"工具"→"开发人员工具"调出"开发人员工具"窗口，将浏览器模式改为"Internet Explorer 11 兼容性视图"。

**（二）桌面版系统**

**1.系统功能**

单击桌面佳多生态远程监控系统图标，进入佳多生态远程监控系统。

该系统界面分以下管理区：

预览：登录后的默认选项，该选项下可进行设备画面的预览、云台操作控制、录像、关闭等操作。

设置：系统设置、分组设置、轮巡监视设置录像等参数。

视频回放：不常用。

轮巡：针对常用功能增加的菜单键。

设备列表：主要是对区域观测站点的管理、观察；控制区主要是对摄像头的控制、调整。

点击"预览"→"设备列表"，选中站点设备后双击鼠标或按下鼠标左键拖拽到图像显示区（图6-5）。

选中预览画面，点击"操作控制"，可对监控视频（图6-6）进行自由控制（双击图像可放大/复原）。

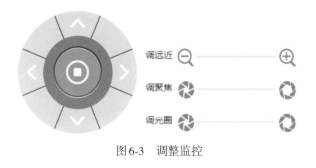

图6-3 调整监控

对不起，你当前使用的是Mozilla Firefox浏览器，远程监控功能不能正常使用，请切换IE内核浏览器

图6-4 浏览器内核设置

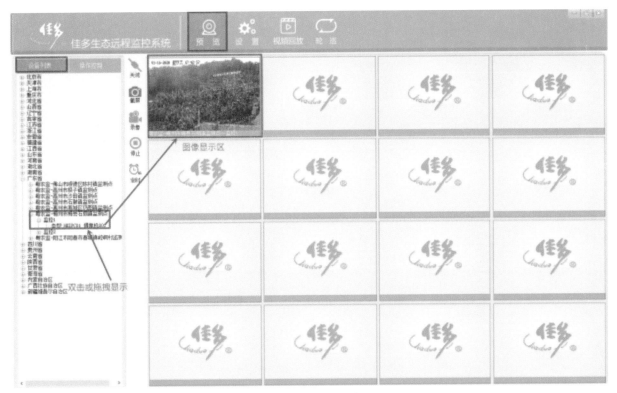

图6-5　监测点预览

图6-6　视频监控页面

**2.系统设置**

（1）本地录像参数。首次录像操作前请先按以下步骤进行设置（图6-7）。

农作物病虫测报物联网

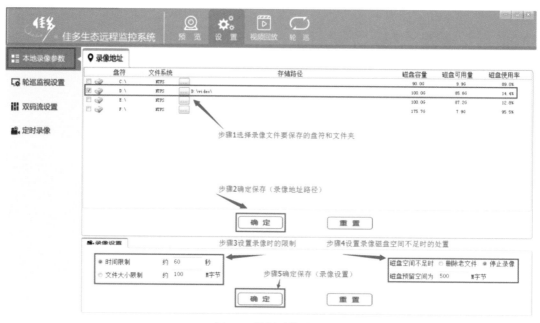

图6-7 视频录像设置

步骤1：（录像地址）选择录像文件要保存的盘符和文件夹，便于录像存储和文件查找。

步骤2：（录像地址）盘符、文件夹选好后，点击"确定"保存生效。

步骤3：（录像设置）设置录像时的限制，时间限制即录制的时长，如"60秒"，即仅录制约60秒；文件大小限制即文件的大小，如"100M"，即仅录制约100M大小的文件。

步骤4：（录像设置）首先设定预留空间，然后选定磁盘剩余空间不足预留空间时的策略。选择删除老文件，清空之前设定路径下的录像文件。建议选择"停止录像"，避免误删。

步骤5：（录像设置）设置项选好后，点击"确定"保存生效。

（2）轮巡监视设置。仅适于多站点小窗口预览（图6-8）。

图6-8 轮巡监视设置

步骤1：（页面设置）添加页面。

步骤2：（页面设置）在弹出的页面输入分页名称，点击"确定"后会在分页列表中显示。

82

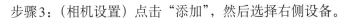

步骤3：（相机设置）点击"添加"，然后选择右侧设备。

步骤4：（相机设置）点击"移入"，多个设备可重复步骤3、4。

步骤5：（相机设置）按"确定"键即保存移入列表的设备。

步骤6：（显示设置）按需改动分页停留时间（如输入60，即每60s一轮换页面小窗口预览显示）。

步骤7：（显示设置）如有改动，点击"确定"保存生效。

（3）双码流设置。主码流画质高，通常占用网络流量多；副码流画质低，通常占用网络流量少。可按需选择，系统默认为主码流（图6-9）。

图6-9　双码流设置

（4）定时录像。该功能需要保证软件的远程监控持续打开，所有预览已关闭，并在预览界面点击图标进行开启（图6-10）。若图标为灰色，则表明当前没有定时设置或当日的定时时段已失效（定时时间以本地计算机为准）。

图6-10　定时录像

3.视频回放

步骤1：打开文件夹，找到录像地址路径下（已在设置中保存）文件。

如图6-11所示操作步骤2、3进行播放即可。

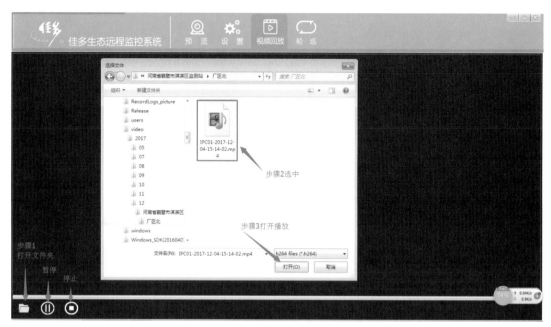

图6-11　视频回放

4.轮巡

当轮巡监视设置中已有添加页面时，点击"轮巡"即可。轮巡前请先关闭已打开的预览窗口和定时。

# 📅 第二节　农林小气候信息采集系统

## 一、系统构成及功能

农林小气候信息采集系统，用于采集田间农田小气候。系统由田间小气候信息采集仪和数据分析系统组成。田间小气候信息采集仪主要包括空气温湿度、土壤温湿度、光照度等传感器和外围装置。

本系统每隔10min自动采集、上传和记录空气温度、空气湿度、土壤温度（10cm、20cm、30cm）、土壤湿度、光照度、结露、气压、蒸发量、降水量、风速、风向、总辐射、光和有效辐射等气象因子，通过系统自带的数据分析功能可以生成某个月内每天平均值、最高值、最低值表格及日平均温度、日平均湿度变化曲线，系统自带的统计分析功能还可以生成每个气象因子日平均值在某年的变化曲线，也可导出所有记录数据，用专业数据分析软件进行其他复杂分析。

## 二、应用技术

（一）网页版气象数据监测与分析系统

打开全国农作物病虫害实时监控物联网，点击"气象监测"打开气象监测模块，系统左侧为监测点列表。

1.实时监测

在左侧选择监测点所在县（市），在地图上点击监测点打开气象监测页面，显示当前田间小气候监测数据（图6-12）。

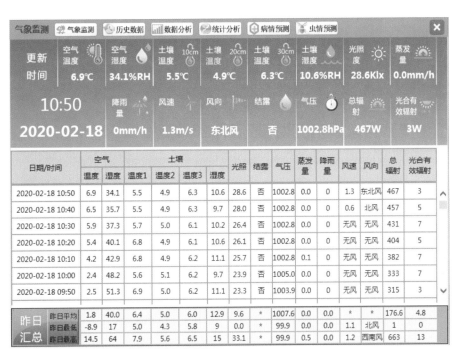

图6-12　当前气象监测数据

### 2.历史数据

点击"历史数据"可查看历史气象监测数据，用户可查询一定时段内的历史监测数据，并可将数据导出到Excel中（图6-13）。

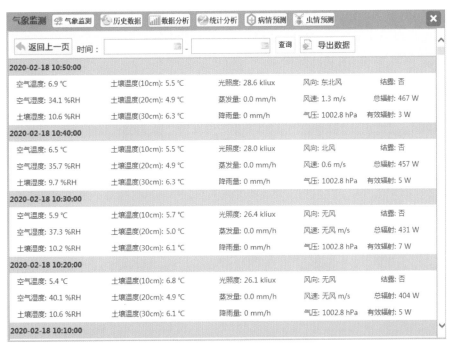

图6-13　查询历史气象监测数据

### 3.数据分析

点击页面"数据分析"进行气象监测数据分析。在弹出的窗口内选择要分析的月份（图6-14），即可以图表等形式对该月气象监测数据进行分析，并可导出分析结果（图6-15）。

图6-14　选择分析月份

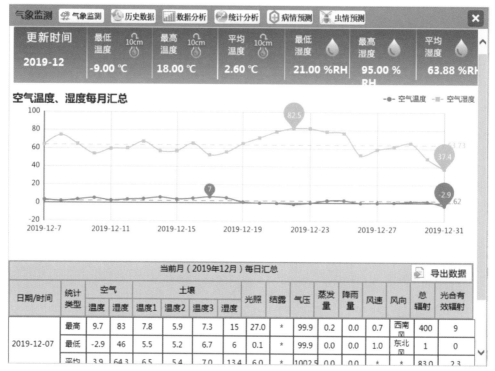

图6-15　气象数据分析

### 4.统计分析

点击"统计分析"进行气象监测数据统计分析。在弹出的窗口内选择要分析的年份、分析指标和要对比分析的年数（图6-16），即可以图表等形式对气象监测数据进行统计分析，并可导出分析结果（图6-17）。拖动分析图下的滚动条可实现对分析图的缩放。

图6-16　设定分析条件

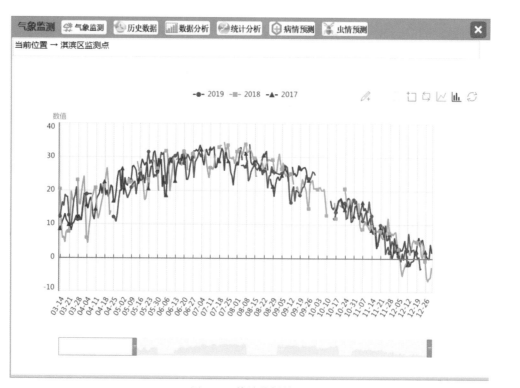

图6-17　统计分析结果

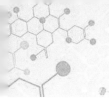

**5.虫情预测**

点击"病情预测"或"虫情预测"，利用气象监测数据对病虫害进行辅助预测。在弹出的窗口内选择可预测的病虫害种类（图6-18），选择预测条件，即可预测病害发生等级或害虫发生期（图6-19、图6-20）。

图6-18　选择预测病虫害种类

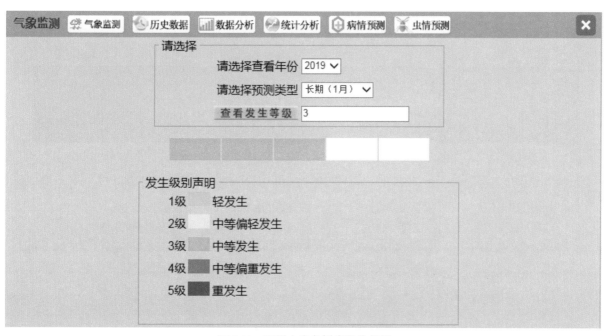

图6-19　预测小麦条锈病发生等级

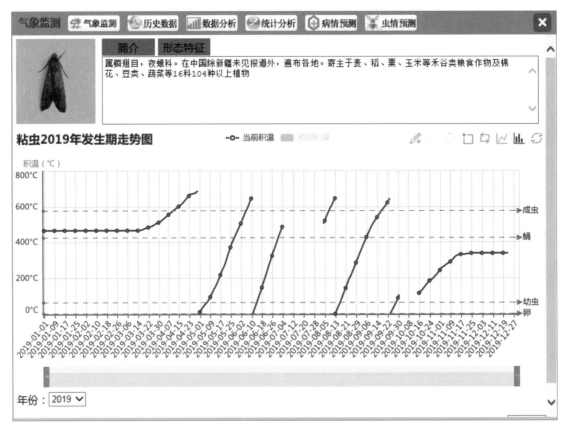

图6-20　预测黏虫发生期

## （二）桌面版气象数据监测与分析系统

### 1. 系统功能

双击桌面"佳多小气候信息采集系统"图标，进入小气候系统在全国划分的区域站点界面（图6-21）。

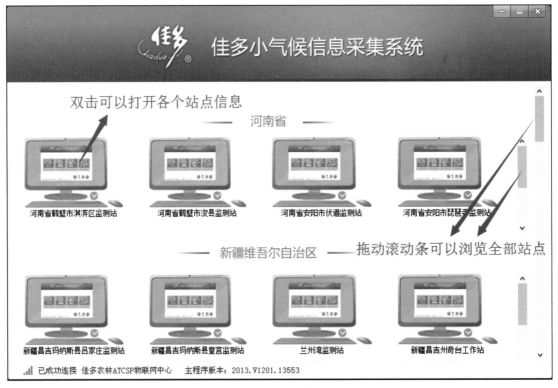

图6-21　监测站点

然后双击"河南省鹤壁市淇滨区监测站"站点，出现小气候数据采集界面（图6-22）。数据采集分5个区域：

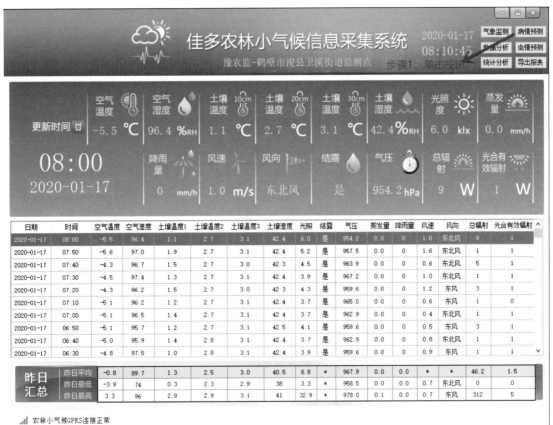

图6-22　小气候信息采集系统界面

当前信息显示区：显示气象监测的标题、站点名称、日期时间。

功能区：虫情预测、病情预测、导出报表、气象监测、数据分析、统计分析。

环境参数区：显示参数更新时间和当前环境因子采集数据。

实时数据显示区：显示当前和过去采集的数据，每10min采集1条。

昨日数据统计：汇总统计昨天采集数据的昨日平均值、昨日最低值、昨日最高值。其中，风向是昨日最多风向、昨日最少风向；风速为最多风向的风速和最少风向的风速；降水量、蒸发量为昨日每小时最多、每小时最少以及累计值（昨日平均）。

**2. 数据分析**

点击"数据分析"，选择年份、月份（图6-23），可以显示一个月的空气温湿度汇总数据（图6-24），也可以选择查看历史数据（图6-25）。

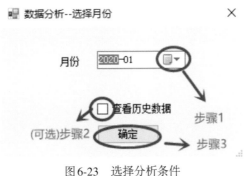

图6-23　选择分析条件

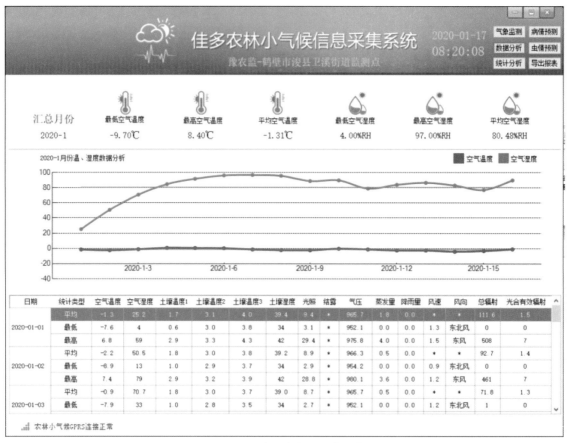

图6-24　一个月空气温湿度趋势

数据分析--历史数据

| 日期 | 时间 | 空气温度 | 空气湿度 | 土壤温度1 | 土壤温度2 | 土壤温度3 | 土壤湿度 | 光照 | 结露 | 气压 | 蒸发量 | 降雨量 | 风速 | 风向 | 总辐射 | 光合有效辐射 |
|---|---|---|---|---|---|---|---|---|---|---|---|---|---|---|---|---|
| 2020-01-16 | 17:00 | 0.9 | 87.9 | 1.1 | 2.4 | 2.9 | 39.4 | 5.1 | | 965.0 | 0.0 | 0 | 0.8 | 东风 | 7 | 1 |
| 2020-01-16 | 16:50 | 2.2 | 88.4 | 1.3 | 2.5 | 2.9 | 39.4 | 5.2 | 否 | 970.4 | 0.0 | 0 | 0.9 | 东北风 | 13 | 1 |
| 2020-01-16 | 16:40 | 1.6 | 86.5 | 1.4 | 2.5 | 3.0 | 39.5 | 6.8 | 否 | 970.4 | 0.0 | 0 | 1.6 | 东风 | 21 | 1 |
| 2020-01-16 | 16:30 | 2.6 | 83.8 | 1.7 | 2.5 | 2.9 | 39.4 | 7.0 | 否 | 975.8 | 0.0 | 0 | 1.4 | 东北风 | 29 | 1 |
| 2020-01-16 | 16:20 | 2.6 | 81.6 | 1.4 | 2.4 | 2.9 | 39.4 | 7.0 | 否 | 974.7 | 0.0 | 0 | 0.6 | 东北风 | 29 | 1 |
| 2020-01-16 | 16:10 | 1.2 | 80.4 | 1.0 | 2.4 | 3.0 | 39.5 | 7.4 | 否 | 972.6 | 0.0 | 0 | 0.8 | 东风 | 41 | 1 |
| 2020-01-16 | 16:00 | 2.1 | 81.1 | 1.1 | 2.5 | 3.0 | 39.4 | 8.8 | 否 | 972.6 | 0.0 | 0 | 0.7 | 东风 | 41 | 1 |
| 2020-01-16 | 15:50 | 1.2 | 78.9 | 1.9 | 2.5 | 3.0 | 39.4 | 8.8 | 否 | 972.6 | 0.0 | 0 | 1.1 | 东风 | 49 | 1 |
| 2020-01-16 | 15:40 | 1.3 | 79.4 | 1.8 | 2.5 | 3.0 | 39.4 | 9.6 | 否 | 972.6 | 0.0 | 0 | 0.8 | 东北风 | 51 | 1 |
| 2020-01-16 | 15:30 | 1.3 | 79.9 | 1.2 | 2.5 | 3.0 | 39.0 | 10.5 | 否 | 968.3 | 0.0 | 0 | 0.3 | 东北风 | 60 | 1 |
| 2020-01-16 | 15:20 | 1.4 | 79.4 | 1.9 | 2.5 | 3.0 | 39.0 | 12.7 | 否 | 967.2 | 0.0 | 0 | 1.0 | 东北风 | 86 | 3 |
| 2020-01-16 | 15:10 | 2.9 | 80.2 | 1.9 | 2.4 | 2.9 | 38.9 | 10.5 | 否 | 976.9 | 0.0 | 0 | 1.0 | 东风 | 66 | 3 |
| 2020-01-16 | 15:00 | 2.4 | 80.4 | 1.1 | 2.4 | 2.9 | 38.9 | 13.7 | 否 | 967.2 | 0.0 | 0 | 1.2 | 东风 | 102 | 3 |
| 2020-01-16 | 14:50 | 1.6 | 79.7 | 1.8 | 2.5 | 3.0 | 39.0 | 16.2 | 否 | 975.8 | 0.0 | 0 | 1.1 | 东北风 | 123 | 3 |
| 2020-01-16 | 14:40 | 2.1 | 79.8 | 1.3 | 2.4 | 3.0 | 39.0 | 14.5 | 否 | 972.6 | 0.0 | 0 | 0.5 | 东北风 | 104 | 3 |
| 2020-01-16 | 14:30 | 2.1 | 77.6 | 1.9 | 2.3 | 2.9 | 38.9 | 15.1 | 否 | 967.2 | 0.0 | 0 | 0.6 | 东北风 | 104 | 3 |
| 2020-01-16 | 14:20 | 2.1 | 77.1 | 0.7 | 2.3 | 2.9 | 38.9 | 14.5 | 否 | 976.9 | 0.0 | 0 | 0.6 | 东北风 | 131 | 3 |
| 2020-01-16 | 14:10 | 2.6 | 76.4 | 1.0 | 2.4 | 2.9 | 38.9 | 21.1 | 否 | 968.3 | 0.0 | 0 | 0.7 | 东北风 | 145 | 3 |
| 2020-01-16 | 14:00 | 3.2 | 77.0 | 1.8 | 2.4 | 3.0 | 38.9 | 22.5 | 否 | 975.8 | 0.0 | 0 | 0.5 | 东北风 | 164 | 5 |
| 2020-01-16 | 13:50 | 3.1 | 76.6 | 1.0 | 2.4 | 3.0 | 38.9 | 21.7 | 否 | 976.9 | 0.0 | 0 | 无风 | 无风 | 145 | 5 |
| 2020-01-16 | 13:40 | 2.2 | 74.8 | 1.8 | 2.3 | 2.9 | 38.9 | 20.8 | 否 | 972.6 | 0.0 | 0 | 0.9 | 东北风 | 162 | 3 |
| 2020-01-16 | 13:30 | 3.3 | 75.6 | 1.8 | 2.4 | 3.0 | 38.9 | 20.6 | 否 | 967.2 | 0.0 | 0 | 0.5 | 东风 | 158 | 5 |
| 2020-01-16 | 13:20 | 3.0 | 76.7 | 1.0 | 2.4 | 3.0 | 38.9 | 17.2 | 否 | 975.8 | 0.0 | 0 | 0.3 | 东北风 | 129 | 3 |

农林小气候GPRS连接正常

图6-25　查看历史数据

3.统计分析

点击"统计分析",选择年份、属性(空气温度、湿度、光照等)(图6-26),可以显示一年(或包括显示近两年)的属性数据(图6-27)。

4.病虫预测

(1)病害预测。单击"病情预测",双击病害种类图片进入预测界面,选择年份和时间,单击查看发生级别就可显示预测结果(图6-28)。

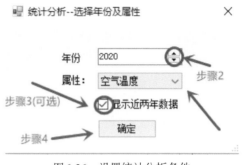

图6-26 设置统计分析条件

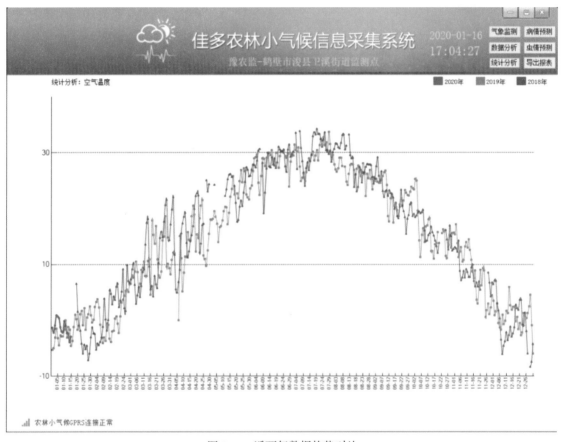

图6-27 近两年数据趋势对比

图6-28 病害预测

（2）虫情预报。单击"虫情预测"，打开昆虫发生期预测功能模块。该模块预测原理是根据昆虫发育积温或者湿度等环境因子预测昆虫的发育阶段（卵、幼虫、蛹、成虫4个阶段）。目前可以选择23种昆虫，每种昆虫模块可以根据温度、湿度等环境因子模拟其当前发生状态，预测未来一年内发生趋势，查询过去的虫情发生状况。如双击"棉铃虫"图片（图6-29），预测出现未来一年内虫情发生趋势图。如预测第一代棉铃虫发生期和数量（图6-30）。

图6-29　虫情预测害虫种类

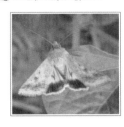

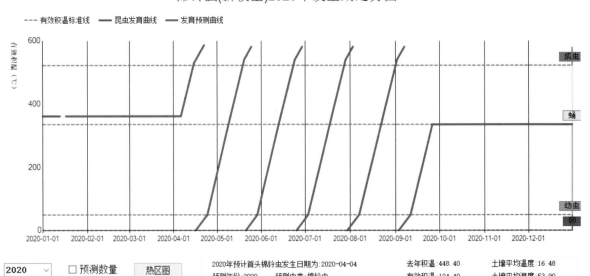

棉铃虫(新模型)发育信息统计　　　　　　　　　　　　　　　　　　　　　　　　　　－　□　×

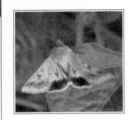

简介　　形态特征

夜蛾科昆虫的一种，是棉花蕾铃期的大害虫。　广泛分布在中国及世界各地，黄河流域棉区、长江流域棉区受害较重。棉铃虫是棉花蕾铃期重要钻蛀性害虫，主要蛀食蕾、花、铃，也取食嫩叶。　该虫是中国棉区蕾铃期害虫的优势种，近年为害十分猖獗。

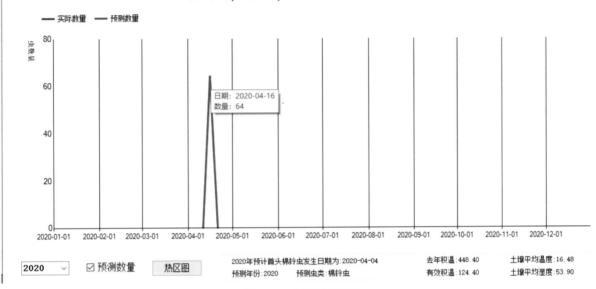

图 6-30　虫情预测结果

# 第七章 病虫测报物联网数据分析系统

物联网数据分析系统平台是对田间监测设备及其采集数据进行管理的平台。目前，不同物联网监测终端设备研发了不同的系统平台。各个系统间无法互通、数据无法共享，给基层使用带来不便。近年来，全国农业技术推广服务中心大力推动物联网系统平台整合，基于县级植保机构对病虫害物联网监测的实际需要，组织开发县级病虫测报物联网数据分析系统平台，并大力推广国家农作物病虫测报物联网数据分析系统平台的设计和建设。

## 📅 第一节 县级病虫测报物联网数据分析系统平台

县级病虫测报物联网数据分析系统平台——病虫害物联网数据分析系统（http://www.pestiot.com），实现对不同物联网田间终端设备、数据的统一管理和分析，并开发了人工填报、模型预警、知识库等功能。其中，物联网相关功能主要包括设备运行状态监测、实时监测数据展示、查询、分析等（图7-1）。

图7-1 系统平台主界面

一、监测设备管理

（一）查看设备运行状态

在系统平台主界面左侧可查看某县安装的所有物联网监测设备的运行状态（图7-2、图7-3），点击某台设备可查看具体信息。

图7-2　系统主要物联网　　　　　图7-3　田间物联网监测设备运行状态
　　　　数据分析功能

　　同时，在"物联网"页面的左侧功能中，点击"设备运行状态"可列表查看县域所有监测设备的运行状态。在查询输入框内输入设备名称，查询某个监测设备（图7-4）。

| # | 设备编号 | 设备名称 | 设备类型 | 设备状态 | 所属厂商 | 所属监测点 |
|---|---|---|---|---|---|---|
| 1 | 411721010101 | 佳多-气候仪 | 环境气象 | 启用 | 鹤壁佳多科工贸有限公司 | 师灵镇赵王村 |
| 2 | 411721010301 | 佳多-图像采集 | 视频监控 | 启用 | 鹤壁佳多科工贸有限公司 | 师灵镇赵王村 |
| 3 | 411721010601 | 佳多-孢子图像 | 检测检验 | 启用 | 鹤壁佳多科工贸有限公司 | 师灵镇赵王村 |
| 4 | 411721010701 | 佳多-虫情图像 | 虫情监控 | 启用 | 鹤壁佳多科工贸有限公司 | 师灵镇赵王村 |
| 5 | 411721010702 | 纽康_性诱设备 | 虫情监控 | 启用 | 宁波纽康生物技术有限公司 | 师灵镇赵王村 |
| 6 | 411721010703 | 纽康_性诱设备 | 虫情监控 | 启用 | 宁波纽康生物技术有限公司 | 师灵镇赵王村 |
| 7 | 411721010704 | 纽康_性诱设备 | 虫情监控 | 启用 | 宁波纽康生物技术有限公司 | 师灵镇赵王村 |
| 8 | 411721020101 | 佳多-气候仪 | 环境气象 | 启用 | 鹤壁佳多科工贸有限公司 | 杨庄乡仪北村 |
| 9 | 411721020301 | 佳多-图像采集 | 视频监控 | 启用 | 鹤壁佳多科工贸有限公司 | 杨庄乡仪北村 |
| 10 | 411721020601 | 佳多-孢子图像 | 检测检验 | 启用 | 鹤壁佳多科工贸有限公司 | 杨庄乡仪北村 |

共27条　1　2　3　＞　10条/页　跳至　1　页

图7-4　查看监测设备运行状态

（二）查看设备运行日志

　　在"物联网"页面，点击"设备运行日志"，即可查看各个设备运行日志（图7-5），包括某个监测设备编号、名称、类型、所属厂商，以及是否请求成功、返回结果条目、发起请求时间、返回结果时间等信息。另外，可以通过选择监测点和具体设备进行查询（图7-6）。

图7-5　查看监测设备运行日志

监测点选择：　师灵镇赵王村　▼　设备选择：　佳多-气候仪　▼　　获取信息

图7-6　筛选查看监测设备运行日志

## 二、监测数据查询展示

### （一）查看实时监测数据

实时数据显示，主要用于展示田间监测设备实时监测数据。

在"物联网"页面，点击"实时数据显示"展示实时监测数据。点击切换右上部的"指标分类""厂商分类"可分别按照监测指标、设备厂家进行分类显示（图7-7）。同时，可以采用列表显示（图7-8）。

图7-7　分类查看实时监测数据

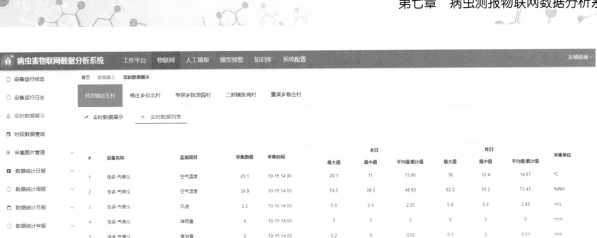

图7-8　列表查看实时监测数据

在"实时数据展示"页面，可点击不同的村镇，显示该区域的监测数据。在列表显示时，点击右上部的"导出"，可导出显示结果（图7-9）。

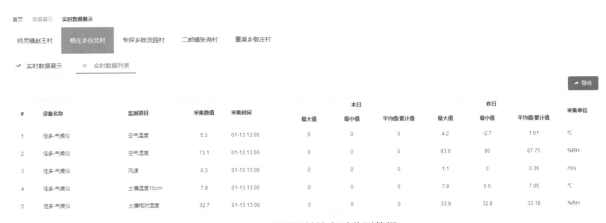

图7-9　导出不同村镇实时监测数据

### （二）查询时段监测数据

时段监测数据查询主要用于查询一定时间段某监测设备的监测数据。

在"物联网"页面，点击"时段数据查询"打开页面。选择监测区域、设备、监测指标、监测时间段等进行查询，查询结果可以图表显示或列表显示，并可导出查询结果（图7-10、图7-11）。

### （三）查询监测图片数据

采集图像展示主要用于查询虫情测报灯、孢子捕捉仪、实时监控仪采集的图片，用于分析灯下虫量、孢子捕捉情况或田间农作物病虫害发生情况等。

在"物联网"页面，点击"采集图片管理"→"采集图片展示"打开页面。依次选择监测点、监测设备（虫情图像、孢子图像、采集图像等）、监测时间段，可进行查询（图7-12）。

点击监测图片，可查看图片详细信息（图7-13）。如打开灯诱监测图片，可查看灯诱监测图片，以及在识别计数的基础上，还可查看当月害虫监测情况。通过观测各个害虫进行人工识别，点击"添加病虫"，在弹出窗口内对该害虫进行人工识别补充（图7-14）。

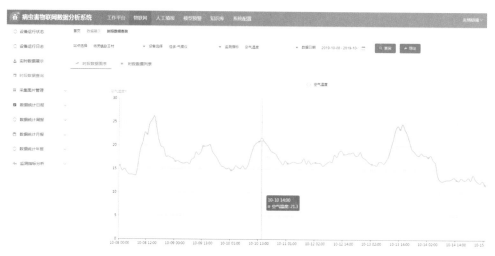

图 7-10 图表显示时段监测数据

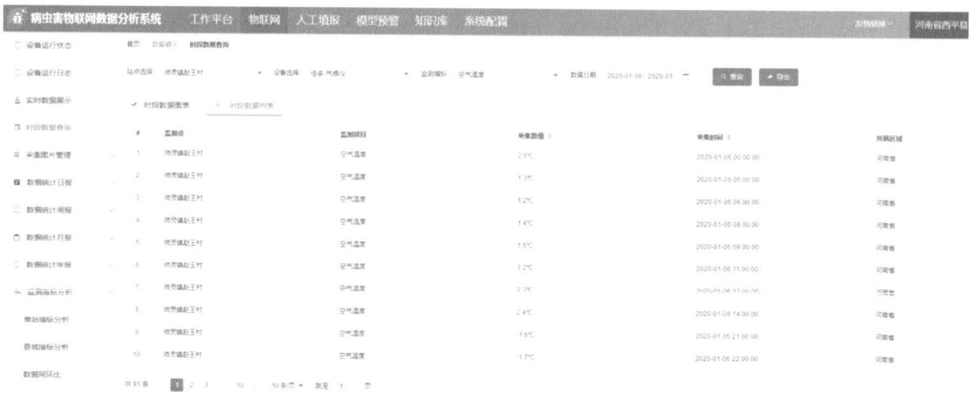

图 7-11 列表显示时段监测数据

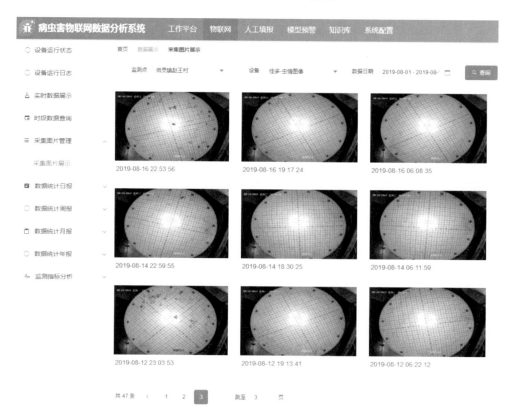

图 7-12 查询监测图片

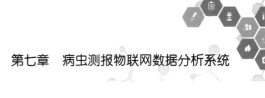

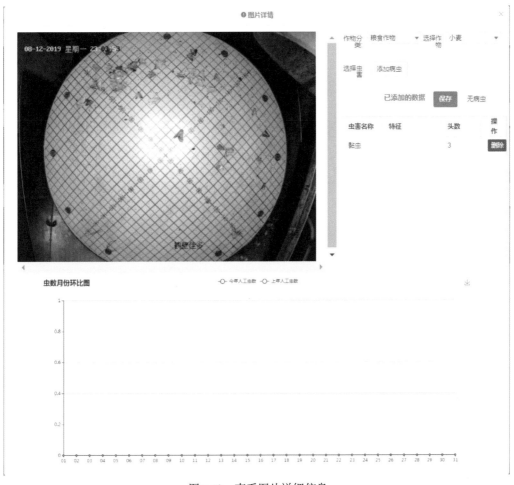

图7-13　查看图片详细信息

图7-14　人工识别补充害虫信息

## 三、监测数据统计分析

### （一）监测数据统计

监测数据统计，主要统计某监测点每日、每周、每月、每年的监测情况。

在"物联网"页面，点击"数据统计日报""数据统计周报""数据统计月报"或"数据统计年报"打开相应页面。依次选择监测点、监测设备、监测目标、监测时间段等，进行统计。统计结果可以图表或列表显示（图7-15、图7-16），以图表形式显示时，可对图进行局部缩放或下载；以列表形式显示时，可导出数据。

图7-15　图表显示监测数据日统计

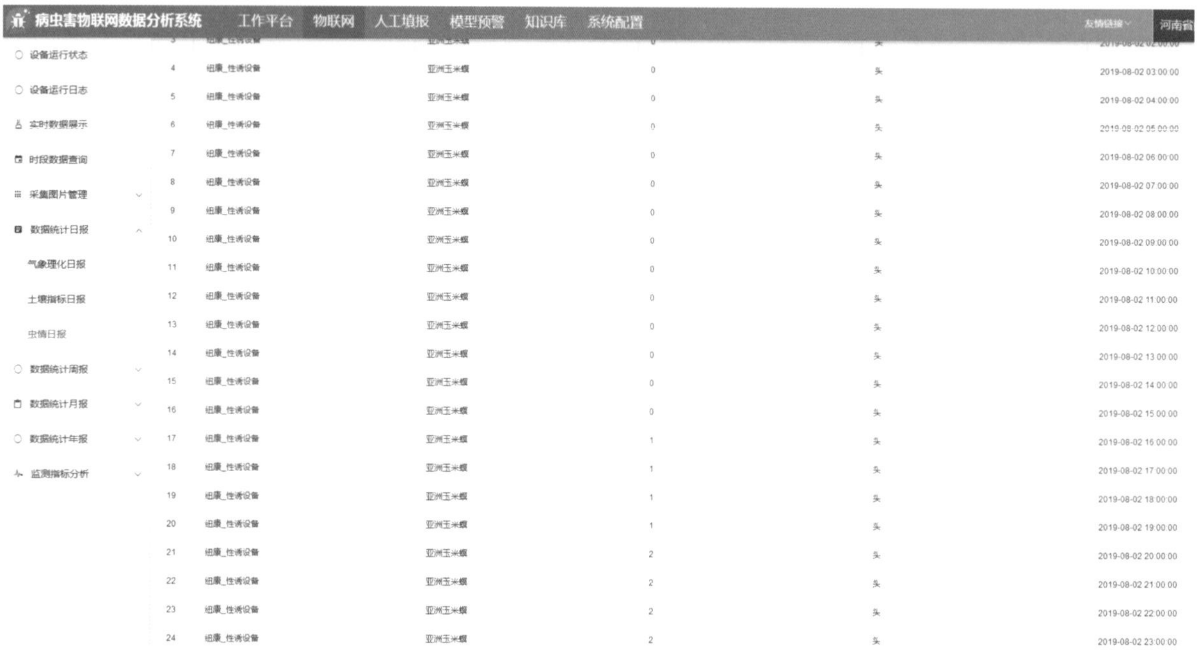

图7-16　列表显示监测数据日统计

（二）监测指标分析

监测指标分析，主要用于对某个监测站、县域等进行分析。

在"物联网"页面，点击"监测指标分析"下的任一链接打开页面。主要包括单站指标分析、县域指标分析、数据同环比3种分析方式。

在每个分析页面，根据页面分析框内的分析指标，选择监测点、监测类型、监测指标、监测时间段等，进行分析（图7-17、图7-18）。分析结果可以图表或列表显示，以图表显示时，可对图进行局部缩放或下载；以列表显示时，可导出数据。

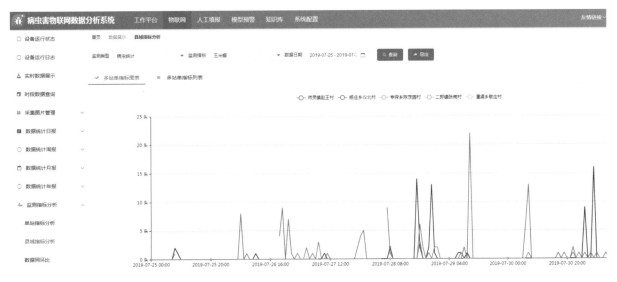

图 7-17　单站监测数据分析

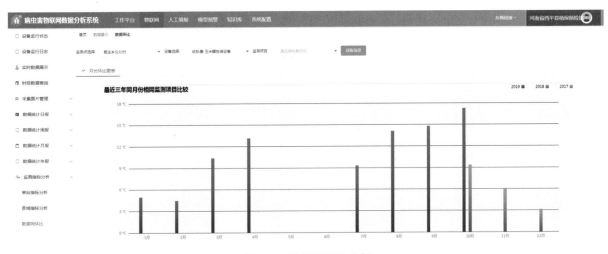

图 7-18　数据同环比分析

## 四、监测系统设置

系统设置中物联网相关设置功能包括监测单位维护、监测点维护、监测设备维护等。

（一）监测单位维护

主要用于维护县级植保植检机构信息，主要包括单位编号、单位名称、经纬度、联系方式等。

（二）监测点维护

主要用于设置县域内各个监测点的信息，包括监测点名称、类型、地点、经纬度、联系方式等。

在"系统配置"页面，点击"监测点维护"打开页面（图7-19）。在上部功能区，可选择导出显示的监测点信息；输入监测点名称可查询某个具体的监测点信息。增加监测点信息时，点击"新增"，依次填写相关信息。

（三）监测设备维护

主要用于维护田间监测设备的信息，主要包括设备编号、安装地点、设备类型、启用日期、设备状态等。

在"系统配置"页面，点击"设备维护"打开页面（图7-20）。在上部功能区，可选择导出显示的监测点信息；输入设备名称可查询某个具体的监测设备信息。双击某条设备信息，可查看具体信息。

图 7-19　监测点维护

图 7-20　监测设备维护

增加监测设备信息时，点击"新增"，依次填写相关信息（图 7-21）。其中，监测指标的设置点击"设置可检测指标"，在弹出窗口内选择该设备的监测指标（图 7-22）。

图 7-21　新增监测设备

检测指标

▸ ☐ 气象监测
▸ ☐ 土壤仪器
▸   植保仪器
▸   植物生理
▸   检测检验
▸   其他
▸   病虫统计

取消　确定

图 7-22　设置该设备的监测指标

## 📅 第二节　国家农作物病虫测报物联网数据分析平台

目前，生产上应用的主要病虫测报物联网终端设备由不同厂家研发，数据分析平台多，病虫害监测数据散落在不同的数据分析系统平台上，造成系统使用、数据比较、数据共享等不便。为加强监测设备统一管理、病虫害一张图监测，实行挂图作战，从全国层面正在加强物联网系统整合。

### 一、物联网系统

目前，整合到全国农作物重大病虫害数字化监测预警系统的物联网系统主要有小麦赤霉病实时预警系统、马铃薯晚疫病实时监测预警系统及稻瘟病、昆虫性诱自动监测系统等。可通过登录农作物重大病虫害数字化监测预警系统（http://www.ccpmis.org.cn），在"实时监测预警"菜单选择相应的物联网系统开展物联网监测数据分析（图7-23）。

图 7-23　农作物重大病虫害实时监测预警

### 二、数据分析

#### （一）分析指标选择

打开相应的物联网系统，在地图左侧设置分析指标和显示方式，点击"分析"进行分析（图7-24）。

#### （二）查看分析结果

在地图上点击监测点图标，显示该监测点小麦赤霉病病穗率、马铃薯晚疫病侵染情况，以及害虫性诱虫量情况等（图7-25）。

点击"查看详情"，可以图表或列表形式查看一段时期内的病虫害发生发展情况（图7-26至图7-28），并可进一步直接访问专用物联网系统。

图 7-24　分析指标设置（左为病害监测预警系统，右为性诱监测系统）

图7-25　病虫发生情况简况

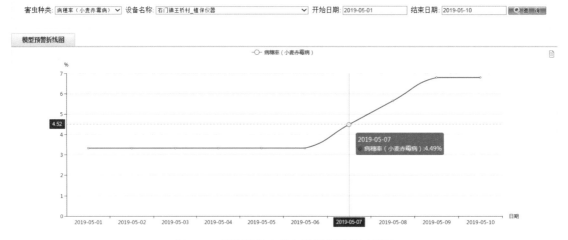

图7-26　某监测点小麦赤霉病病情发展情况

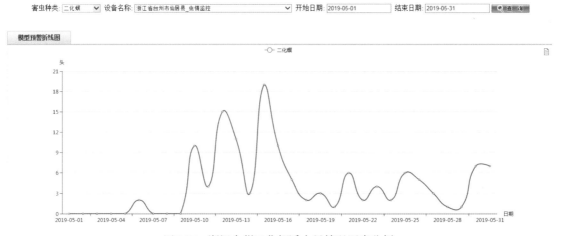

图7-27　浙江台州二化螟诱虫量情况图表分析

| | | |
|---|---|---|
| 7 | 2019-05-07 | 0 |
| 8 | 2019-05-08 | 0 |
| 9 | 2019-05-09 | 0 |
| 10 | 2019-05-10 | 10 |
| 11 | 2019-05-11 | 4 |
| 12 | 2019-05-12 | 15 |
| 13 | 2019-05-13 | 11 |
| 14 | 2019-05-14 | 3 |
| 15 | 2019-05-15 | 19 |
| 16 | 2019-05-16 | 10 |
| 17 | 2019-05-17 | 5 |
| 18 | 2019-05-18 | 2 |
| 19 | 2019-05-19 | 3 |
| 20 | 2019-05-20 | 1 |
| 21 | 2019-05-21 | 6 |
| 22 | 2019-05-22 | 2 |
| 23 | 2019-05-23 | 4 |

图7-28　浙江台州二化螟诱虫量情况数据列表

# 昆虫性诱电子智能测报系统试验方案

为试验示范新型害虫性诱自动监测工具，逐步推广诱捕效果稳定、自动计数准确、实用效果良好的新型性诱测报工具，提高害虫监测的自动化水平，不断提高害虫监测质量和预报水平，特制定本方案。

## 一、监测对象

各试验站点可以根据当地实际情况自主选择合适的监测对象，选购3台赛扑星昆虫性诱电子智能测报系统，搭配一套网关来传输数据。同一台诱捕器也可以根据田间农作物改变而更换不同种类的诱芯，以达到监测不同害虫的效果。目前，我国研发成熟的诱芯种类基本覆盖农作物的主要鳞翅目害虫，以及半翅目、鞘翅目、双翅目等害虫，主要测报害虫大都可以通过性诱方法得以监测。

## 二、试验工具

宁波纽康生物技术有限公司提供的新型害虫自动监测工具——赛扑星昆虫性诱电子智能测报系统。具体功能和使用要求如下：

（一）赛扑星昆虫性诱电子智能测报系统

赛扑星昆虫性诱电子智能测报系统包括新型诱捕器、自动计数系统、无线传输系统和客户端等部分。

1.新型诱捕器

新型诱捕器分为飞（螟）蛾类诱捕器及夜蛾类诱捕器。其中，飞（螟）蛾类诱捕器适用害虫主要种类有：稻纵卷叶螟、二化螟、三化螟、大螟、黏虫、草地螟、二点委夜蛾、亚洲玉米螟、棉铃虫、红铃虫、烟青虫、豇豆荚螟、豆野螟、瓜绢螟、茶毛虫等；夜蛾类诱捕器适用害虫主要种类有：小地老虎、甜菜夜蛾、斜纹夜蛾、大豆食心虫（图1、图2）。

图1 飞（螟）蛾类赛扑星昆虫性诱电子智能测报系统　　图2 夜蛾类赛扑星昆虫性诱电子智能测报系统

## 2.自动计数系统

性诱自动计数系统由感应器、接收器、主控器、液晶显示屏（LCD）、数据连接线和外机箱组成，与性诱捕器配合使用实现自动计数功能，提供220V交流电、大容量锂电池、太阳能板3种供电方式。

## 3.无线传输系统

该系统能将诱捕器诱捕的害虫数量及本地的温度、湿度、风速等众多参数定时、定点通过无线通信（GPRS）将数据传送到服务器，服务器将数据处理后再无线传送至客户手机终端或者电脑终端。用户新装或更换诱芯后，该系统还可自动计算其剩余有效期，并提醒用户更换诱芯，达到及时防治的目的。另外，还可对害虫进行预警值设置，当捕获害虫超过预警值时，即刻通知测报员，可第一时间了解虫情。

## 4.客户端

客户端包括手机客户端和网页客户端。主界面显示当天捕虫数，当前温度、湿度及风速。能够查看指定日期、指定小时、指定时间段的捕虫数，并可自动生成曲线波动图，便于统计分析。数据存储周期达12个月以上。

手机客户端可在苹果系统（ISO）和安卓系统（Android）两大主流操作系统上使用，通过登录手机软件即可查看各种数据，如温湿度、害虫数量及曲线趋势图等。

网页客户端可在计算机指定网址登录进行浏览、查询、设置相关数据等各类操作，用户还可根据不同类型的账户随时随地查看本地区内各测报点信息。

## （二）对照工具

在进行赛扑星昆虫性诱电子智能测报系统的同时，可选择普通诱捕器或黑光灯等常规工具作对照，以验证自动计数系统的准确性和诱测效果。

# 三、试验方法

## （一）田间设置要求

### 1.试验田要求

选择种植主要寄主农作物、比较空旷的田块作为试验田。

注意：对多食性害虫应依据代次、区域的不同适当更换试验田。如棉铃虫在黄淮、华北地区，二代主要为害棉花，三、四代主要为害玉米、蔬菜等。

### 2.诱捕器放置要求

（1）低矮作物田放置方式。对水稻、棉花、蔬菜以及苗期玉米等低矮作物田，3台新型诱捕器放置在试验田中，相距一定距离（大于50m）呈正三角形放置，每个诱捕器与田边距离不少于5m。

（2）高秆作物田放置方式。对成株期玉米等高秆作物田，诱捕器应放置于田埂上，3台新型诱捕器可放于同一条田埂上呈直线排列。

（3）放置高度。诱捕器放置高度依寄主农作物和害虫种类而定，具体高度见表1。

**表1　不同监测对象诱芯类型和诱捕器放置高度**

| 害虫种类 | 诱芯类型 | 放置高度 |
|---|---|---|
| 二化螟 | C | 高于水稻冠层20～30cm |
| 稻纵卷叶螟 | C | 水稻秧苗期，放置高度0.8～1.0m；水稻成株期，稍低于水稻冠层 |
| 亚洲玉米螟 | C | 株高30～100cm时，放置高度约80cm；其他情况，低于植株冠层20～30cm |
| 二点委夜蛾 | S | 1m（或比植物冠层高出20～30cm） |
| 棉铃虫 | S | 离地面1m左右（或高于植物20cm） |

（续）

| 害虫种类 | 诱芯类型 | 放置高度 |
|---|---|---|
| 草地螟 | C | 比植物冠层高出 20 ～ 30cm |
| 黏虫 | S | 离地面 1m 左右（或高于植物 20cm） |
| 小地老虎 | S | 1m（或比植物冠层高出 20 ～ 30cm） |
| 茶毛虫 | S | 离地面 1m 左右（或高于植物 20cm） |

注：（1）诱芯类型：C为毛细管，S为橡皮头。

（2）诱芯存放及使用：诱芯应存放在较低温度（−15 ～ −5℃）的冰箱中，避免暴晒，远离高温环境。使用前再打开密封包装袋，毛细管型在使用时打开包装袋封口即可使用，不需剪毛细管的两端。最好尽快使用包装袋中的所有诱芯，或放回冰箱中低温保存。由于性信息素的高度敏感性，安装不同种类害虫的诱芯需要洗手或戴一次性手套，以免造成交叉污染。

（4）对照。试验田中同时设置2台普通诱捕器作对照，诱捕器至少相距50m。有趋光性的害虫还可用黑光灯作对照，性诱捕器与灯具间距100m以上。

（二）监测时间

在主要寄主农作物的整个生育期或害虫主要发生期进行监测。其中，二化螟4—8月，稻纵卷叶螟4—10月，玉米螟5—9月，二点委夜蛾5—9月，棉铃虫5—9月，小地老虎4—8月，草地螟5—8月，黏虫4—9月。各地也可根据当地实际虫情调整监测时间。

（三）调查和记录

在整个监测期内，每日记录诱虫数量，连同常规监测工具的调查结果一起记入害虫性诱情况记录表（表2）。

### 表2　害虫性诱情况记录表

害虫：_____　试验地点：_____　诱芯类型：_____

| 调查日期 | 农作物及生育时期 | 害虫代别 | 新型诱捕器数量（头／台） | | | | | | 普通诱捕器数量（头／台） | | 灯诱数量（头／台） | | 备注（气温、降水、风力与风向等情况） |
|---|---|---|---|---|---|---|---|---|---|---|---|---|---|
| | | | 诱捕器1 | | 诱捕器2 | | 诱捕器3 | | 诱捕器1 | 诱捕器2 | 雌虫 | 雄虫 | |
| | | | 自动计数 | 人工计数 | 自动计数 | 人工计数 | 自动计数 | 人工计数 | | | | | |
| | | | | | | | | | | | | | |
| | | | | | | | | | | | | | |
| …… | | | | | | | | | | | | | |

## 四、分析总结

（1）比较赛扑星诱捕器自动计数系统记录数据与人工调查数据之间的吻合程度，验证自动计数的准确性。

（2）比较赛扑星诱捕器与普通诱捕器或灯具的诱测效果，包括诱测始见期、虫量、峰值等。

（3）评价无线传输系统和太阳能等设备的稳定性和使用效果。

（4）分析性诱监测情况与田间为害情况的对应关系。

请各试验单位在完成监测试验后，围绕上述内容，参考科技论文格式按时提交试验总结。

# 重大害虫远程实时监测系统试验方案

为加快推进先进实用的现代化监测工具研发应用，进一步提升重大害虫远程实时监测系统的应用效果，加快虫情信息实时采集技术、数据自动远程传输技术、数据信息化管理技术的整合应用，不断推进农作物重大病虫害监测预警信息化进程，逐步提高害虫监测质量和预报水平，特制定本方案。

## 一、试验材料

### （一）监测对象

以斜纹夜蛾、甜菜夜蛾、玉米螟及当地主要害虫为监测对象。

### （二）监测工具

选择北京依科曼生物技术有限公司生产的闪讯系统。具体部件、规格、功能和使用要求如下：

（1）害虫诱捕器。包括诱芯安置器、诱芯支架、害虫诱杀装置等部件，主要用于特定害虫的诱集、触杀。诱捕器可固定在支架的不同高度，也可选择不同长度的连接线远离数据处理和传输系统，但必须保证其安装牢固。

（2）环境监测器。包括各种气象因子监测元件，以外置形式工作。主要用于监测环境温度、湿度等气象因子（不同版本配置可能不同）。

（3）数据处理和传输系统（机箱）。包括数据处理系统（根据需要不同，分别提供数字信号处理器、单片机微处理器、多媒体处理器或通用微处理器等种类）和数据传输系统（可分别提供无线通信系统、微波通信系统、移动通信系统或卫星移动通信系统等种类），主要用于对诱捕触杀的害虫进行自动计数以及气象因子的序列记载和远程传输。

（4）供电系统。主要由太阳能板及蓄电池组成，保证系统在田间野外环境中自行获取自然能源，维持系统长期运作。

（5）支架和避雷针。支架为不锈钢材质，主要用于各个组成部分的固定，其支撑轴为可伸缩的不锈钢管，高度调节范围为1.5～4.5m。主杆顶端需安装避雷针。

（6）软件处理系统。采用计算机、手机、平板电脑等任何可接入互联网的设备，打开IE等浏览器，登录闪讯系统客户端（http://www.telemo.org），进行数据查询、处理分析和储存等管理工作。

### （三）对照工具

应用诱虫灯和普通性诱监测工具作为对照，其中普通性诱监测工具以夜蛾类干式性诱捕器为对照监测斜纹夜蛾、甜菜夜蛾，以螟蛾类干式性诱捕器为对照监测玉米螟。

## 二、试验方法

### （一）田间设置要求

选择种植主要寄主农作物、比较空旷的田块作为试验田，试验田面积不小于1/3hm²。闪讯系统1个，同种害虫普通性诱捕器2个（诱芯与闪讯诱芯批次相同），以最小间距50m呈正三角形放置，每个诱捕器与田边距离不少于5m（图1）。闪讯自动计数诱捕器和普通性诱捕工具放置高度依寄主农作物和害虫种类而定（表1）。注意

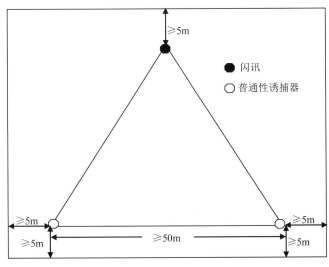

图1 闪讯系统及对照田间放置示意图

及时清除诱捕器周边杂草，使其与大田整体环境保持一致。

表1　害虫诱捕器产品组件及田间放置高度

| 害虫名称 | 诱芯类型 | 持效期 | 放置高度 |
|---|---|---|---|
| 斜纹夜蛾 | 毛细管 | 1个月 | 比植物冠层高出20～30cm |
| 甜菜夜蛾 | 毛细管 | 1个月 | 比植物冠层高出20～30cm |
| 玉米螟 | 毛细管 | 1个月 | 株高30～100cm时，放置高度约80 cm；其他情况，低于植株冠层20～30cm |

注：（1）诱芯材料和规格：毛细管为PVC毛细管，长度（80±5）mm，外径（1.6±0.2）mm，内径（0.8±0.1）mm。

（2）包装规格：每包3枚诱芯。

（3）存放及使用：诱芯应存放在较低温度（-15～-5℃）的冰箱中，避免暴晒，远离高温环境。使用前再打开密封包装袋，毛细管型在使用时打开包装袋封口即可使用，不需剪毛细管的两端。最好尽快使用包装袋中的所有诱芯，或放回冰箱中低温保存。由于性信息素的高度敏感性，安装不同种类害虫的诱芯需要洗手或戴一次性手套，以免造成交叉污染。诱芯室外使用持效期为性诱剂维持均匀释放的最短期限，到期要定时更换。

（4）北京依科曼生物技术有限公司联系方式：刘洪安，电话：010-82790391-812，18995655772；传真：010-82790391-812；电子邮件：liuha@great-biotech.com。

（二）监测时间

斜纹夜蛾、甜菜夜蛾的监测时间为4—10月，玉米螟为5—9月，在主要寄主作物的整个生育期或害虫主要发生期进行系统监测。

（三）调查和记录方法

在整个监测期，逐日记录闪讯系统自动报数（系统）、实际诱捕数量（人工）、性诱监测工具与诱虫灯的诱获数量。每天应在固定时间查虫，注意查虫时间与系统自动报送的时间一致。每5d调查一次田间害虫的发生实况，结果记入害虫远程实时监测情况记录表（表2）。

表2　害虫远程实时监测系统试验情况记录表

害虫：_____　　寄主农作物：_____　　试验地点：_____

| 调查日期 | 农作物生育时期 | 害虫代别 | 闪讯诱捕数量（头／台） | | 普通性诱捕器数量（头／台） | | | 灯诱数量（头／台） | | 田间幼虫量（头） | 备注（气温、降水、风力与风向等情况） |
|---|---|---|---|---|---|---|---|---|---|---|---|
| | | | 系统 | 人工 | 诱捕器1 | 诱捕器2 | 平均 | 雌蛾 | 雄蛾 | | |
| | | | | | | | | | | | |
| | | | | | | | | | | | |
| …… | | | | | | | | | | | |

注：田间幼虫量每5d调查一次，玉米螟、斜纹夜蛾、甜菜夜蛾调查百株虫量。

## 三、结果分析

（1）比较闪讯系统自动记录数据与人工记录数据之间的吻合程度，验证自动计数的准确性。

（2）比较闪讯系统与普通性诱捕器、诱虫灯等常规监测工具的诱测效果，包括诱虫量、诱虫曲线（峰型）等。

（3）分析以性诱技术为基础的远程实时监测系统数据与田间为害情况的对应关系。

（4）评价远程实时监测系统对害虫监测的应用价值，提出修改建议。

请各试验单位在完成监测试验后，围绕上述内容，认真做好试验总结，撰写试验报告和论文，以便进行总结交流。

# 农作物重大病虫害实时监控物联网试验方案

为加强农作物重大病虫害测报技术研究，做好农作物重大病虫害实时监控物联网试验示范工作，不断提高技术实用程度，推进重大病虫害监测预警的自动化和智能化，制定本方案。

## 一、试验对象

根据当地病虫害发生实际情况，选择当地主要病虫害作为监测试验对象。

## 二、试验工具

### （一）物联网组成

佳多农林病虫害自动测控系统（ATCSP），包括虫情信息自动采集系统、病菌孢子信息自动捕捉培养系统、生态远程实时监控系统、小气候信息采集系统等。

有条件的省份可选择其他同类产品，或以传统监测工具作为试验对照。

### （二）物联网田间布置

由于农作物重大病虫害实时监控物联网价值较高，应安装在当地的病虫害观测场（圃），或其他有保障条件的地点。试验地可根据试验对象特点，利用观测场（圃）试验地或选择物联网附近种植主要寄主农作物、比较空旷的田块作试验田。

## 三、试验内容

### （一）害虫灯诱物联网监测

#### 1.试验对象

玉米螟、棉铃虫、黏虫、水稻害虫、小菜蛾、小地老虎等。

#### 2.监测时间

玉米螟、棉铃虫、黏虫为5—9月，水稻螟虫、稻纵卷叶螟、稻飞虱、小菜蛾4—10月，小地老虎4—9月。

#### 3.试验方法

每日观测物联网系统的虫情照片，观察照片中害虫的分布情况，是否能够通过照片识别害虫，记录照片内的害虫种类及数量；每日收集灯下害虫，计数每种害虫，并与物联网灯诱虫量相比较，记入表1。分析确定最适拍照间隔、观测时间，建立虫量与田间发生情况关系；提出灯诱物联网在应用中存在的问题，并提出改进意见。

表1　自动虫情测报灯物联网诱虫情况记录表

| 日期 | 照片编号 | 照片拍摄时间 | 害虫种类 | 虫量 | | 备注 |
| --- | --- | --- | --- | --- | --- | --- |
| | | | | 照片内 | 灯下 | |
| | | | | | | |
| …… | | | | | | |

### （二）病虫害发生情况远程实时监控

以当地主要病虫害为试验对象，根据病虫害测报技术规范，于田间调查当日，在办公室通过布置在田间的生态远程实时监控系统观测田间农作物长势、害虫或病害的发生情况，比较分析摄像头监测下的农作物长势、害虫种类及虫量、病害发生情况与田间实际调查结果的一致性，记入表2。

**表2　病虫害发生情况远程实时监控记录表**

调查地点：_____　调查人：_____

| 调查日期 | 农作物 | 田间观测 | | 远程监测 | | 备注 |
|---|---|---|---|---|---|---|
| | | 农作物苗情、生育时期 | 虫量／病情 | 农作物苗情、生育时期 | 虫量／病情 | |
| | | | | | | |
| ...... | | | | | | |

注：虫量或病情请注明调查指标和单位，如病株率、病叶率等。

（三）马铃薯晚疫病物联网实时监控

1.监测时间

当地马铃薯出苗起，直至马铃薯收获。

2.试验设计

选择当地不同抗性的马铃薯主栽品种，中度感病品种、高度感病品种各2个，小区面积 60～120m², 3次重复，随机区组排列。记录品种名称、播种时间，以及试验地海拔、经纬度等信息。

3.试验方法

（1）中心病株出现时间监测。自监测系统周围马铃薯出苗（以第一棵出苗计）起，开启田间小气候监测仪。在监测预警系统显示三代一次侵染前后，每天田间调查查看是否出现中心病株，直至发现中心病株，并记入表3。

**表3　不同品种马铃薯晚疫病中心病株出现时间与侵染情况记录表**

调查人：_____　调查地点：_____　调查时间：____年____月___日

| 品种 | 出苗时间（第一棵苗） | 田间中心病株发现时间 | 对应侵染湿润期 | | 备注 |
|---|---|---|---|---|---|
| | | | 代／次 | 分值 | |
| | | | | | |
| ...... | | | | | |

（2）侵染代次与田间发病情况比较分析。自田间发现中心病株后，每5d田间调查1次，直至马铃薯收获。记录病株率、病叶率和严重度，以及调查当日预警系统中晚疫病病菌侵染代次、分值，记入表4。分析建立田间发病情况与病原菌侵染次数间的关系。

**表4　马铃薯不同品种田间病情及侵染情况调查表**

调查人：_____　调查地点：_____　品种：_____

| 调查时间 | 病株率（％） | 病叶率（％） | 严重度 | 侵染代次 | | Conce 分值 | 备注 |
|---|---|---|---|---|---|---|---|
| | | | | 代 | 次 | | |
| | | | | | | | |
| ...... | | | | | | | |

（3）孢子捕捉量与田间发病情况比较分析。自监测系统周围马铃薯出苗（以第一颗出苗计）起，每天检查孢子捕捉仪下马铃薯晚疫病病菌孢子捕捉情况（观察当日孢子捕捉仪自动拍摄的所有照片，记录孢子数量）。中心病株出现后，调查田间发病情况，记入表5，分析建立田间孢子捕捉量与马铃薯晚疫病发生的关系。

表5　马铃薯不同品种发病情况调查表

调查人：＿＿＿＿＿＿＿＿　调查地点：＿＿＿＿＿＿＿＿＿＿　品种：＿＿＿＿＿＿＿

| 调查时间 | 病株率（%） | 病叶率（%） | 严重度 | 孢子数量 | | 备注 |
| --- | --- | --- | --- | --- | --- | --- |
| | | | | 每张照片孢子量（逗号隔开） | 总孢子数 | |
| ...... | | | | | | |

（4）田间病情远程实时监控。田间调查当日，在室内通过田间的高清摄像头，观测试验地马铃薯长势及田间发病情况，记录相关观测结果，并与田间实际调查结果相比较，评价通过摄像头远程监测病情的效果，观测结果参考表2记录。

请各试验单位在完成监测试验后，围绕上述内容，及时提交试验原始数据和分析总结报告。

# 小麦赤霉病预报器试验方案

为加强小麦赤霉病预测预报技术研究，提高小麦赤霉病监测预警的自动化和信息化水平，开展小麦赤霉病预报器试验示范工作，进一步验证预报器的准确性和实用性，制定本方案。

## 一、试验站点

小麦赤霉病主要发生区。

## 二、试验工具

西安黄氏生物工程有限公司研制的小麦赤霉病预报器。试验以常规监测和预测为对照。

## 三、试验方法

### （一）试验设计

在小麦赤霉病常发区，选择当地代表性种植品种的3块田，作为3次重复。每块田1/15hm²，设置1个对照区、1个一次防治区、1个二次防治区，每个区面积150m²左右。试验田按照当地常规水肥管理模式进行管理，对照区全生育期不喷施任何杀菌剂。

### （二）初始菌源量调查

#### 1.田间玉米（水稻）残秆密度调查

在小麦始穗期，采用五点取样法，每块田选择5个样点，小麦、玉米轮作区每个样点10m²，小麦、水稻轮作区每个样点4m²，分别取样调查麦田玉米（水稻）残秆数量。

捡拾取样点内所有玉米（水稻）残秆，记录标准玉米（水稻）残秆数，统计计算标准玉米（水稻）残秆密度（个/m²、丛/m²），结果记入表1。玉米残秆以带节长5～6cm的残秆作为一个标准样秆，对于较大具有多个节的残秆应按节折算为标准样秆。

#### 2.带菌量测定

在小麦始穗期，利用捡拾的残秆，检查玉米标准样秆和稻桩上是否有子囊壳，计算玉米（水稻）残秆带菌率，结果记入表2。结合调查的玉米（水稻）残秆密度，计算麦田带菌玉米（水稻）残秆密度（个/m²、丛/m²），即：单位面积带菌玉米（水稻）残秆数=标准玉米残秆密度或水稻残秆密度×玉米（水稻）残秆带菌率。

表1　玉米（水稻）残秆密度调查表

茬口：＿＿＿＿＿＿＿＿　　调查日期：＿＿＿＿＿＿＿＿

| 田块序号 | 麦田面积（hm²） | 样点1 | | 样点2 | | 样点3 | | 样点4 | | 样点5 | | 平均标准玉米（水稻）残秆密度（个/m²、丛/m²） |
|---|---|---|---|---|---|---|---|---|---|---|---|---|
| | | 样点面积（m²） | 标准秸秆数（个、丛） | 样点面积（m²） | 标准秸秆数（个、丛） | 样点面积（m²） | 标准秸秆数（个、丛） | 样点面积（m²） | 标准秸秆数（个、丛） | 样点面积（m²） | 标准秆数（个、丛） | |
| 1 | | | | | | | | | | | | |
| 2 | | | | | | | | | | | | |
| 3 | | | | | | | | | | | | |
| 4 | | | | | | | | | | | | |
| 5 | | | | | | | | | | | | |

表2　玉米秸秆（水稻）带菌率调查

| 田块序号 | 玉米（水稻） | 带菌玉米（水稻）残秆数／玉米（水稻）残秆总数 | | | | | 平均带菌率（％） |
|---|---|---|---|---|---|---|---|
| | | 样点1 | 样点2 | 样点3 | 样点4 | 样点5 | |
| 1 | | | | | | | |
| 2 | | | | | | | |
| 3 | | | | | | | |
| 4 | | | | | | | |
| 5 | | | | | | | |

注：表中填写数据为标准残秆数，按照"带菌残秆数/玉米（水稻）残秆数"填写，如"2/13"表示的是13个玉米（水稻）残秆中有2个是带菌残秆。

（三）确定初始菌源量

根据上述调查结果，确定初始菌源量（带菌标准玉米秸秆数，个/m²；带菌水稻残秆数，丛/m²），并输入系统。

（四）确定防治适期

预报器可根据未来7d的天气条件（温度、降水）预报数据对蜡熟期病穗率做出预测。各地可根据齐穗期（即80%的麦株抽穗）前预报器做出的最终病穗率进行预警，建议当系统预测最终病穗率达到3%及以上时，在初花期（即10%的麦株开花）前对试验防治区用药预防1次，并视降水情况，隔5～7d二次防治区再防治1次。

各地设置2～3个最终病穗率预测结果作为预警指标的试验处理，达到或超过此指标时用药预防，研究适合当地的最佳防治适期。记录防治时的小麦抽穗比例、开花比例、药剂种类及用量等信息，计算防治效果（表3），选择最佳防治适期。

表3　防治区用药防治情况记录表

调查人：_____　　调查时间：_____

| 田块序号 | 防治效果（%） | 第一次 | | | | 第二次 | | | |
|---|---|---|---|---|---|---|---|---|---|
| | | 预警病穗率（%） | 预警时间（月／日） | 防治时间（月／日） | 用药品种及用量 | 预警病穗率（%） | 预警时间（月／日） | 防治时间（月／日） | 用药品种及用量 |
| 1 | | | | | | | | | |
| 2 | | | | | | | | | |
| 3 | | | | | | | | | |
| 4 | | | | | | | | | |
| 5 | | | | | | | | | |

（五）病情调查

在小麦蜡熟期，每个防治区、对照区随机选取5个样点，每点5行，每行10穗，共250穗，调查病穗数，计算病穗率，记入表4。

表4　小麦赤霉病调查表

调查日期：_____　　调查人：_____

| 田块序号 | 处理 | 样点 | 调查穗数（个） | 病穗数（个） | 病穗率（%） | 平均病穗率（%） |
|---|---|---|---|---|---|---|
| 1 | 对照区 | 1 | | | | |
| | | 2 | | | | |
| | | 3 | | | | |
| | | 4 | | | | |
| | | 5 | | | | |
| | 1次防治区 | 1 | | | | |
| | | 2 | | | | |
| | | 3 | | | | |
| | | 4 | | | | |
| | | 5 | | | | |
| | 2次防治区 | 1 | | | | |
| | | 2 | | | | |
| | | 3 | | | | |
| | | 4 | | | | |
| | | 5 | | | | |
| ......... | | | | | | |

（六）预测结果准确度检验

按照《小麦赤霉病测报技术规范》（GB/T 15796—2011），根据病穗率分别对实际调查结果和预测结果进行赤霉病流行等级划分，采用最大误差参照法检验预测的准确度。

$$R = \frac{1}{n}\sum_{i=1}^{n}(1 - \frac{|F_i - A_i|}{M_i}) \times 100$$

式中：$R$为预测准确度；$n$为预测次数；$F_i$为预测结果的流行等级值；$A_i$为实际调查结果的流行等级值；$M_i$为第$i$次预测的最大参照误差，该值为实际流行等级值和最高流行等级值与实际流行等级

值之差中最大的值，如实际流行等级值为2，最高流行等级值与实际流行等级值之差为3（赤霉病流行等级最高值为5），那么$M_i$值为3。一般认为，预测流行等级与实际流行等级差值小于1时，为准确；差值为1时，为基本准确；差值大于1时，为不准确。小麦赤霉病预测情况记入表5。

表5　小麦赤霉病预测情况记录表

| 田块序号 | 预测日期 | 预测值 | | 实际值 | | 准确率（%） |
| --- | --- | --- | --- | --- | --- | --- |
| | | 病穗率（%） | 发生级别（$F_i$） | 病穗率（%） | 发生级别（$A_i$） | |
| 1 | | | | | | |
| …… | | | | | | |

注：预测日期自齐穗期至盛花期填写。

## 四、仪器应用效果评价

总结当年小麦赤霉病发生特点和气候影响因素，评价仪器试验效果，提出修改建议。

# 农作物病虫害发生数据移动智能采集设备试验方案

为实现农作物病虫害图像自动识别与智能化监测分析，满足对田间农作物病虫害远程自动监测及预警等管理需求，本试验通过田间病虫害发生数据移动智能采集设备，开展水稻、小麦、玉米等农作物重大病虫害田间调查数据、图片智能采集，测试病虫害对象主要有水稻纹枯病、稻飞虱、稻纵卷叶螟、小麦赤霉病、麦蜘蛛、小麦蚜虫等。

## 一、试验对象

重点开展水稻、小麦病虫害发生数据移动采集，采用专用设备拍照方法，收集常见病虫害发生图片，试验对象包括：水稻稻飞虱、稻纵卷叶螟、纹枯病；小麦赤霉病、蚜虫、麦蜘蛛等。

## 二、试验目标

（1）通过人工与田间病虫害智能终端调查相结合的方式，建立田间常见的病虫害图像库，每个试验点病虫害采集图片数量争取达到2 000张以上。

（2）常见田间病虫害图像自动识别与分析精度达80%以上。

（3）基于田间病虫害大数据，实现病虫害监测自动化及可视化预警。

## 三、技术路线

（1）水稻病虫害数据采集时期。5月下旬至10月中旬，结合系统调查、普查，在水稻田开展稻飞虱、稻纵卷叶螟、纹枯病等常见病虫害数据智能化采集。

（2）小麦病虫害数据采集时期。2月下旬至5月下旬，结合系统调查、普查，在小麦田陆续开展麦蜘蛛、小麦蚜虫、赤霉病等病虫害数据智能化采集。

（3）实施路径。选定监测点—对承担的病虫害调查对象动态采集图片—移动智能设备调查结合人工常规调查并行—上传两种取样数据—统计整理—建数据源—入数据库。

## 四、试验调查与拍照方法

### （一）农作物重大病虫害发生数据移动智能采集设备田间调查方法

#### 1.稻飞虱

（1）调查时间与次数（与常规系统调查相同）。移栽田自水稻返青后，直播田自水稻播种后30d开始，每5d调查1次，至水稻黄熟期结束（安徽2017年田间调查发现，太阳落山前1h，田间调查效果好）。

（2）调查田块（与常规系统调查相同）。选取品种、生育期和长势有代表性的单季稻田3块，每块面积不少于667 m²。

（3）田间取样方法。在每块田的4边，分别距田边垂直距离2.5m，每边各取2行，共8行，每行1m，共8m。

（4）田间拍照方法。移动采集终端相机前端深入稻丛，镜头距水稻基部5～10cm，对准水稻中下部进行拍摄，间隔20cm拍1张，每行拍5张，每块田共拍40张。每行拍摄张数也可根据实际情况进行调整，原则是不重拍和漏拍，或每丛拍摄1张。针对同一拍摄位点，拍摄结束后迅速进行人工调查计数。每块田至少选取20张清晰度高且人工调查计数相对准确的图片进行上传。

（5）人工调查对比。由于移动采集终端只能拍摄稻株单面，拍摄到的稻飞虱数量少于实际数量，需采用人工调查进行校正。按照稻飞虱测报技术规范的取样方法，每个月在稻飞虱发生高峰期调查2次田间虫量。将人工调查的百丛虫量与相机拍摄计数的百丛虫量进行比较，得出校正系数。

$$I = \frac{\sum_{i=1}^{n} L_i}{\sum_{i=1}^{n} M_i}$$

式中：$I$为虫口密度校正系数；$L$为人工调查虫口密度；$M$为计算机计数虫口密度；$n$为调查或拍摄次数。

#### 2.稻纵卷叶螟

（1）调查时间与调查次数（与常规系统调查相同）。从6月中下旬田间始见稻纵卷叶螟成虫开始至9月上旬结束，逐日赶蛾和拍照。

（2）取样田的选择（与常规系统调查相同）。在当地选择有代表性的一季稻田3块，每块面积不少于667m²。逐日赶蛾调查，每天上午赶蛾，每块田沿田边查10m，逆风行走，使用竹竿（3m）慢慢拨动稻株，同时统计飞起的稻纵卷叶螟蛾数。

（3）田间拍照方法。

赶蛾调查：一人赶蛾并记录赶蛾量，一人紧跟其后进行拍照。当前面一人每赶1m²有稻纵卷叶螟成虫飞起时，后面的人要立即进行拍照。

卷叶率调查：每块田随机5点取样，每点对水稻叶部1/3以上进行拍照并记录卷叶数，尽量对准稻纵卷叶螟的危害现状进行拍照。要求每张照片可清晰辨认20～30张叶片，采集图片当天及时编号并上传。

（4）人工调查对比。由于移动智能采集设备拍摄到的卷叶情况少于实际数量，需采用人工调查进行校正。按照稻纵卷叶螟的测报技术规范，每个月选择稻纵卷叶螟发生高峰期人工调查统计2次，计算卷叶率、赶蛾量。将人工调查结果与移动智能采集设备拍摄及计算机智能识别结果进行比较，得出校正系数。

$$I=L/M$$

式中：$I$为卷叶率校正系数（或赶蛾校正系数）；$L$为人工调查卷叶率（或赶蛾量）；$M$为计算机计数卷叶率（赶蛾量）。

3. 水稻纹枯病

（1）调查时间与次数（与常规系统调查相同）。自水稻分蘖期开始，每5d调查1次，至水稻乳熟末期结束，时间为6月中下旬至9月中旬（正常时期播种移栽单季稻、双季稻）。

（2）调查田块（与常规系统调查相同）。选取水稻中生育期和长势有代表性的类型田3块，每块面积不少于667m²。

（3）田间调查方法。根据移动采集终端长度3m，每块田4边分别距田边2m，沿田埂和水稻移栽行取2行，每行1m，共8m。

（4）田间拍照方法。将移动采集设备镜头深入稻丛，镜头距水稻基部10～20cm，对准水稻中下部进行拍摄（采用单侧拍摄），每间隔20cm拍1张，每行拍5张，每块田共拍40张。每张照片拍摄后记录拍摄点的人工调查病株数，采集图片当天及时编号并上传。

（5）人工调查对比。由于移动智能采集设备只能拍摄稻丛一侧，拍摄到的纹枯病数量少于实际数量，需采用人工调查进行校正。按照水稻纹枯病的测报技术规范进行取样，每月2次，记录稻株数、发病株数和相应级别，计算人工调查的纹枯病病丛率、病株率。比较同一天人工调查结果与移动智能采集设备及计算机智能识别结果，得出校正系数。

$$I=L/M$$

式中：$I$为纹枯病病情校正系数；$L$为人工调查病情；$M$为计算机计数病情。

4. 麦蜘蛛

（1）调查时间与次数（与常规系统调查相同）。冬前10月下旬至12月中旬，春季2月下旬至4月上旬。每5d采集1次，冬前采集于每天14：00～15：00进行，春季采集于15：00～16：00进行。采集时避免农作物表面有露水或雨水。

（2）调查田块（与常规系统调查相同）。选择具有代表性的不同类型麦田3～5块，每块面积不少于1 334m²。

（3）田间拍照方法。每次数据采集需两人进行配合，一人拍照，一人调查数据。每块田沿田块中间的一行小麦进行拍照，第一个拍照点距离田头2m，以后每间隔2m拍一张，共拍20张（图1）。拍照时镜头紧贴右侧麦垄，向左侧麦垄拍照。冬前镜头贴地面，春季镜头距地面5～10cm（镜头正对着小麦）。用移动智能采集设备拍照时，镜头竖直放置拍照。一次采集拍摄结束后，及时对所拍摄的照片进行编号（在手机、计算机上均可进行），并及时上传。

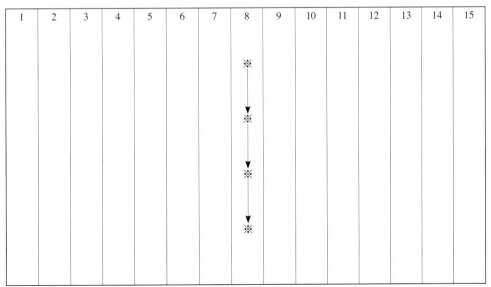

图1　麦蜘蛛田间数据采集示意图

注：※为采集点（拍照+调查），每个※之间的间隔为2m，每块田沿中间一行小麦采20个样。

（4）田间调查与数据上传方法。一人先拍照，拍照后另一人用白色盘子（瓷盘或塑料盘，盘子长33cm、宽20～25cm）排查拍照位置单行麦垄的虫量，记录每33cm行长虫量，与所拍摄的照片一起上传至大田病虫害数据采集库。

（5）人工调查对比。由于相机只能拍摄麦株正面，拍摄到的害虫数量少于实际数量，需采用人工调查后进行校正。按照麦蜘蛛测报技术规范，每月选择麦蜘蛛发生高峰期进行2次人工调查，将同一天人工调查的虫口密度除以计算机智能识别的虫口密度，得出校正系数。

$$I = L/M$$

式中：$I$为虫口密度校正系数；$L$为人工调查虫口密度；$M$为计算机识别虫口密度。

### 5. 小麦蚜虫

（1）调查时间与次数（与常规系统调查相同）。小麦返青拔节期至乳熟期止，开始每7d调查1次，当蚜量急剧上升，日增蚜量超过300头时，每5d调查1次。

（2）调查田块（与常规系统调查相同）。根据播期、品种、长势等条件，选择有代表性的麦田10块以上。

（3）调查方法。每块田单对角线5点取样，拔节前每点调查50株，孕穗期后每点调查20株。

（4）田间拍照方法。移动智能采集设备镜头距麦株5～10cm，紧贴右侧麦垄，向左侧麦垄拍照。拔节前拍摄小麦全株，孕穗后对准麦株中上部拍摄。每块田拍5张，每次调查共拍摄50张以上图片。针对每个拍摄位点，每拍摄一张照片后迅速进行人工调查计数。一次采集拍摄结束后，图片和对应的人工计数结果及时上传。

（5）人工调查对比。由于移动智能采集设备只能拍摄到麦株单侧，因而拍摄到的虫量少于实际数量，需采用人工调查进行校正。每月按小麦蚜虫测报技术规范选择麦蚜发生高峰期进行2次人工调查，记录有蚜株数和蚜量。将人工调查的有蚜株率和百株蚜量除以同一天移动智能采集设备拍摄计数的有蚜株率和百株蚜量得出每块田的校正系数。

（6）注意事项。①要尽可能多调查田块，多拍摄清晰图片；②拍摄时要对准有蚜部位和蚜虫多的部位；③先拍照，再人工调查拍照位置的虫量。

### 6. 小麦赤霉病

（1）调查时间与次数（与常规系统调查相同）。自小麦拔节期开始，每5d调查1次，至小麦乳熟末期结束，时间为4月5日至5月15日。

（2）调查田块（与常规系统调查相同）。选取小麦生育期和长势有代表性的类型田3块，每块面积不少于667 m²。

（3）田间调查方法。每块田平行式5点取样，每点拍2张图片，每张行长1m，共10m。

（4）田间拍照方法。移动智能采集设备镜头对准小麦上部1/3以上进行拍照，图片上尽量少留空白。要求每张照片可清晰辨认30个麦穗。

（5）人工调查对比。由于相机只能拍摄麦株单侧，拍摄到的赤霉病数量少于实际数量，需采用人工调查进行校正。每块田按照小麦赤霉病测报技术规范每月进行2次人工调查，记录每块田麦穗数、病穗数，计算赤霉病的病穗率和相应级别，得出人工调查的赤霉病病穗率、相应级别。将人工调查结果与同一天移动智能采集设备及计算机智能识别结果进行比较，得出校正系数。

$$I=L/M$$

式中：$I$为赤霉病病病情校正系数；$L$为人工调查病情；$M$为计算机计数病情。

### （二）农作物重大病虫害发生图像数据采集方法

根据建设农作物重大病虫害预测预报智能化需求，为科学获取水稻、小麦等农作物病虫害数据，开展大数据下水稻、小麦重大病虫害监测与识别技术，探索水稻、小麦病虫害数据处理与服务的理论

方法和技术体系，特制定水稻、小麦病虫害及苗情田间数据获取标准规范。

### 1.拍摄工具及要求

（1）移动数据采集终端设备。

（2）Android系统5.0以上手机。

### 2.拍摄标准

（1）取景部位及拍摄角度。针对水稻、小麦、油菜、玉米等农作物每种病虫害在植株上出现部位及不同阶段苗情特征存在差异，采取镜头对准该部位多角度取样拍摄，如：侧面、上面、中间、局部等各个方位，具体拍摄标准见表1。

#### 表1　田间拍摄要求

| 类型 | 名称 | 取景范围 | 角度与距离 |
|---|---|---|---|
| 害虫 | 稻飞虱 | 镜头置于水稻侧面根部以上稻飞虱聚集部位拍摄；镜头垂直深入稻丛中俯视拍摄根部以上稻飞虱聚集部位 | 角度：水平至30°；距离：5～10cm、10～15cm，其中以距离5～10cm清晰状态为主 |
| | 稻纵卷叶螟 | 以拍摄水稻叶片侧面图像为主，以镜头出现肉眼能分清的20～30片叶为好 | 角度：30°～60°；距离：10～20cm、20～30cm，其中以距离20～30cm清晰状态为主 |
| | 麦蜘蛛 | 冬前镜头贴近地面，春季镜头垂直地面 | 角度：水平至90°；距离：5～10cm、10～15cm，其中以距离5～10cm清晰状态为主 |
| | 小麦蚜虫 | 拔节前拍摄小麦全株，孕穗后镜头对准麦株中上部拍摄 | 角度：水平至30°；距离：5～10cm、10～15cm，其中以距离5～10cm清晰状态为主 |
| | 其他 | 其他害虫如：二化螟、大螟、叶蝉、稻螟蛉、黏虫等可以根据调查实际情况参照上述几种类型取景拍摄 | 根据调查特征，参照上述形式 |
| 病害 | 纹枯病 | 镜头对准水稻茎部中下部进行拍摄（采用单侧拍摄） | 角度：水平至30°；距离：10～20cm、20～30cm，其中以距离10～20cm清晰状态为主 |
| | 赤霉病 | 以镜头出现肉眼能分清的一定数量小麦穗部的侧面图像为主，一般为20～50穗 | 角度：30°～60°；距离：10～20cm、20～30cm，其中以距离20～30cm清晰状态为主 |
| | 其他 | 其他病害如：细菌性条斑病、稻曲病、穗颈瘟等可以根据调查实际情况参照上述几种类型取景拍摄 | 根据调查特征，参照上述形式 |
| 苗情 | | 根据作物不同生育时期的特征表现，从侧面拍摄群体和单株图像 | 角度：30°～60°；距离：10～20cm、20～30cm，其中以距离20～30cm清晰状态为主 |

（2）图片要求。在使用移动智能设备进行图片采集时，应当手机屏幕上出现比较清晰的病虫画面、苗情画面时（即镜头聚焦完成）再点击拍摄按钮，同时避免镜头抖动。

### 3.采集数量

保证稻飞虱、稻纵卷叶螟、麦蜘蛛、麦蚜、赤霉病等重点监测的每个病虫害有效图片（含拍摄目标的图片）在2 000张以上，其他病虫害有效图片500张以上。

### 4.数据预处理及提交要求

（1）当天对采集的病虫害图片及调查数据分类整理，编号并及时上传。上传途径：①田间移动数据采集智能终端上传提交；②室内网络采集智能终端上传提交；③室内网络电脑端平台提交上传。

（2）为获得每种病虫害校正系数，图片数据提交要求如下：①每次结合人工调查所采集的图片至少10张并编号；②每次每种病虫害提供1张以上单张人工可见实际发生数量的图片；③每块田调查后，标注病虫害常规调查发生等级（1～5级）。

（3）为快速上传更多有参考价值的病虫害图像数据，可以在电脑端平台上传压缩文件。

## 五、试验总结

（1）比较智能采集数据与人工调查数据的相关性，验证自动计数的准确率。

（2）分析智能采集数据与田间为害情况的对应关系。

（3）评价智能采集数据工具应用效果和推广价值。

各试验单位在完成病虫害数据采集试验后，认真撰写试验总结，相关材料于每年11月30日以前报送。

包晓敏, 吕文杰, 夏海霞, 2015. 农业虫害自动测报终端的设计 [J]. 浙江理工大学学报 (自然科学版), 33(6): 872-876.

边磊, 陈宗懋, 陈华才, 等, 2016. 新型LED杀虫灯对茶园昆虫的诱杀效果评价 [J]. 中国茶叶, 38(6): 22-23.

边磊, 孙晓玲, 高宇, 等, 2012. 昆虫光趋性机理及其应用进展 [J]. 应用昆虫学报, 49(6): 1677-1686.

曾娟, 杜永均, 姜玉英, 等, 2015. 我国农业害虫性诱监测技术的开发和应用 [J]. 植物保护, 41(4): 9-15.

曾伟, 唐达萱, 李仁英, 2012. 不同监测工具对水稻二化螟越冬代成虫的监测效果研究 [J]. 西南师范大学学报 (自然科学版), 37(10): 82-86.

陈惠祥, 周建荣, 陈小波, 等, 1999. 棉铃虫对不同波长光源趋光反应的研究 [J]. 江西棉花 (5): 16-18.

陈小波, 顾国华, 葛红, 等, 2003. 棉铃虫成虫趋光行为的初步研究 [J]. 南京农专学报 (3): 39-41.

陈元光, 钦俊德, 1963. 粘虫 Leucania separata Walker 成虫复眼暗适应的电生理研究 [J]. 昆虫学报, 12(1): 1-9.

程文杰, 郑霞林, 王攀, 等, 2011. 昆虫趋光的性别差异及其影响因素 [J]. 应用生态学报, 22(12): 3351-3357.

川沙县植保植检站, 1975. 红铃虫性引诱剂在测报上的应用 [J]. 农业科技通讯 (7): 6.

丁建云, 王文瑶, 余盛华, 等, 1997. 高空捕虫网在稻白背飞虱监测中的应用 [J]. 植物保护 (5): 28-30.

丁岩钦, 高慰曾, 李典谟, 1974. 夜蛾趋光特性的研究: 棉铃虫和烟青虫成虫对单色光的反应 [J]. 昆虫学报, 17(3): 307-317.

董松, 卢增斌, 李丽莉, 等, 2017. 绿盲蝽成虫对光谱和光照强度的行为反应 [J]. 山东农业科学, 49(9): 122-127.

高燕, 2014. 三种频振灯光源对金龟子体内抗氧化酶活性的影响 [C] // 河南省昆虫学会. 华中昆虫研究 (第十卷). 河南省昆虫学会: 266.

高燕, 雷朝亮, 李克斌, 等, 2013. 不同频振灯光源对花生田天敌昆虫的诱集作用比较 [J]. 环境昆虫学报, 35(2): 133-139.

郭炳群, 李世文, 1996. 栖境不同的两种跳甲复眼结构比较 [J]. 昆虫学报, 39(3): 260-265.

郭健玲, 梁桥新, 曾伶, 等, 2016. 3种扁谷盗对不同波长光趋性研究 [J]. 华南农业大学学报, 37(3): 90-94.

侯无危, 李明辉, 郭炳群, 1997. 不同照度对棉铃虫蛾活动的影响 [J]. 应用昆虫学报, 34(1): 1-3.

胡国文, 1981. 高山捕虫网在研究稻飞虱迁飞规律和预测中的作用 [J]. 应用昆虫学报 (6): 241-247.

黄冲, 刘万才, 2015. 试论物联网技术在农作物重大病虫害监测预警中的应用前景 [J]. 中国植保导刊, 35(10): 55-60.

黄冲, 刘万才, 张君, 2015. 马铃薯晚疫病物联网实时监测预警系统平台开发及应用 [J]. 中国植保导刊, 35(12): 45-48.

贾艺凡, 2016. 三种重要夜蛾科害虫灯下种群动态与上灯行为节律研究 [D]. 南京: 南京农业大学.

江幸福, 张总泽, 罗礼智, 2010. 草地螟成虫对不同光波和光强的趋光性 [J]. 植物保护, 36(6): 69-73.

姜玉英, 曾娟, 高永健, 等, 2015. 新型诱捕器及其自动计数系统在棉铃虫监测中的应用 [J]. 中国植保导刊, 35(4): 56-59.

姜玉英, 曾娟, 徐建国, 等, 2014. 不同光源灯具对黄河流域棉区棉盲蝽的诱集效果 [J]. 植物保护, 40(1): 137-141.

姜玉英, 陈华, 曾娟, 等, 2011. 昆虫采样系统用于棉盲蝽虫量调查试验结果 [J]. 农业工程, 1(2): 93-95.

姜玉英, 兰雪琼, 舒畅, 等, 2008. 日本稻飞虱预测预报及防治技术现状 [J]. 世界农业, 7(总351): 61-63.

姜玉英, 刘杰, 曾娟, 2016. 高空测报灯监测粘虫区域性发生动态规律探索 [J]. 应用昆虫学报, 53(1): 191-199.

姜玉英, 罗金燕, 罗德平, 等, 2015. 远程控制病菌孢子捕捉仪对小麦气传病害的监测效果 [J]. 植物保护, 41(6): 163-168.

蒋月丽, 李彤, 巩中军, 等, 2016. 麦红吸浆虫成虫对线偏振光的趋性 [J]. 昆虫学报, 59(7): 797-800.

靖湘峰, 雷朝亮, 2004. 昆虫趋光性及其机理的研究进展 [J]. 昆虫知识, 41(3): 198-203.

鞠倩, 曲明静, 陈金凤, 等, 2010. 光谱和性别对几种金龟子趋光行为的影响 [J]. 昆虫知识, 47(3): 512-516.

鞠倩, 2009. 昆虫趋光性及趋光防治研究概述 [C] // 中国植物保护学会. 粮食安全与植保科技创新. 中国植物保护学会: 429-432.

雷朝亮, 2014. 昆虫趋光机理及灯光诱杀关键技术研究取得突破性进展 [J]. 华中昆虫研究, 10: 142-143.

李克斌, 杜光青, 尹姣, 等, 2014. 利用吸虫塔对麦长管蚜迁飞活动的监测 [J]. 应用昆虫学报, 51(6): 1504-1515.

李木昌, 1988. 害虫灯光诱杀的问题讨论 [J]. 广西植保 (2): 32.

李耀发，高占林，党志红，等，2011.绿盲蝽对不同波段光谱选择性的初步测定[J].河北农业科学，15(5): 57-60.

刘保友，王英姿，栾炳辉，等，2011.苹果轮纹病病原菌孢子田间释放监测方法研究[J].中国果树 (6): 48-50, 82.

刘万才，刘杰，钟天润，2015.新型测报工具研发应用进展与发展建议[J].中国植保导刊，35(8): 40-42.

刘彦飞，于海利，仵均祥，2013.梨小食心虫对 LED 光的趋性及影响因素的研究[J].应用昆虫学报，50(3): 735-741.

罗金燕，陈磊，路风琴，等，2016.性诱电子测报系统在斜纹夜蛾监测中的应用[J].中国植保导刊，36(10)50-53.

桑文，蔡夫业，王小平，等，2018.农用诱虫灯田间应用现状与展望[J].中国植保导刊，38(10): 26-30, 68.

桑文，黄求应，王小平，等，2019.中国昆虫趋光性及灯光诱虫技术的发展、成就与展望[J].应用昆虫学报，56(5): 907-916.

桑文，朱智慧，雷朝亮，2016.昆虫趋光行为的光胁迫假说[J].应用昆虫学报，53(5): 913-918.

沈颖，尉吉乾，莫建初，等，2012.昆虫趋光行为研究进展[J].河南科技学院学报 (自然科学版)，40(5): 19-23.

孙雪梅，罗岗，周益军，等，2015.低空捕虫网在稻飞虱监测预警中的应用[J].安徽农业科学，43(21): 140-142.

唐建清，1989.灯诱害虫技术的新进展[J].林业科技开发 (2): 57.

万新龙，杜永均，2015.昆虫嗅觉系统结构与功能研究进展[J].昆虫学报，58(6): 688 -698.

王博，林欣大，杜永均，2015.蛾类性信息素生物合成途径及其调控[J].应用生态学报，26(10): 3235- 3250.

王继英，罗金燕，高宇，等，2016.新型病菌孢子捕捉仪在设施黄瓜病害预测中的应用[J].中国植保导刊，36(9): 56-58.

魏国树，张青文，周明牂，等，2000.不同光波及光强度下棉铃虫(*Helicoverpa armigera*)成虫的行为反应[J].生物物理学报，16(1): 89-95

谢开云，车兴壁，CHRISTIAN D，等，2001.比利时马铃薯晚疫病预警系统及其在我国的应用[J].中国马铃薯，15(2): 67-71.

徐蕾，钟涛，赵彤华，等，2016.沈阳地区吸虫塔监测大豆蚜迁飞动态及其与气象因子关系的分析[J].应用昆虫学报，53(2): 365-372.

杨海博，2014.白背飞虱和褐飞虱扑灯行为研究[D].南京：南京农业大学.

杨洪璋，文礼章，易倩，等，2014.光波和光强对几种重要农业害虫趋光性的影响[J].中国农学通报，30(25): 279-285.

杨菁菁，梁朝巍，沈斌斌，等，2012. 昆虫扑灯节律研究[J].安徽农业科学，40(1): 210-212.

姚士桐，吴降星，郑永利，等，2011.稻纵卷叶螟性信息素在其种群监测上的应用[J].昆虫学报，54(4): 490-494.

袁冬贞，崔章静，杨桦，等，2017.基于物联网的小麦赤霉病自动监测预警系统应用效果[J].中国植保导刊，37(1): 46-51.

张斌，耿坤，余杰颖，2011.比利时马铃薯晚疫病预警系统的应用[J].中国马铃薯，25(1): 42-46.

张孝羲，张跃进，2006.农作物有害生物预测学[M].北京：中国农业出版社.

张艳红，刘小侠，张青文，等，2009.不同光源对棉铃虫蛾趋光率的影响[J].河北农业大学学报，32(5): 69-72.

张跃进，吴立峰，刘万才，等，2013.加快现代植保技术体系建设的对策研究[J].植物保护，39(5): 1-8.

张长禹，2015.灯光诱杀技术在我国的研究进展与发展趋势[C] //中国植物保护学会.病虫害绿色防控与农产品质量安全：中国植物保护学会 2015 年学术年会论文集.中国植物保护学会：293-298.

张左生，1992.病虫测报工具开发探索：介绍几种病虫测报工具的应用[J].病虫测报，12(S1): 61-64.

赵树英，2012.佳多农林病虫害自动测控系统(ATCSP)开发与应用前景[J].农业工程，2(S1): 51-53.

郑凯迪，杜永均，2012.蛾类昆虫性信息素受体及其作用机理[J].昆虫学报，55(9): 1093 -1102.

中国植保导刊编辑部，2013.农业部印发关于加快推进现代植物保护体系建设的意见[J].中国植保导刊，33(6): 5-7.

周益林，黄幼玲，段霞瑜，2007.植物病原菌监测方法和技术[J].植物保护 (3): 20-23.

左文，巩中军，祝增荣，等，2008.水稻二化螟性信息素和诱捕器组合的田间诱蛾效果比较[J].核农学报，22(2): 238-241.

CALDERON C , WARD E , FREEMAN J , et al., 2002. Detection of airborne inoculum of *Leptosphaeria maculans* and *Pyrenopeziza brassicae* in oilseed rape crops by polymerase chain reaction (PCR) assays [J] . Plant Pathology , 51: 303-310.

DEWEY F M , EBELER S E , ADAMS D O , et al ., 2000.Quantification of *Botrytis* in grape juice determined by a monoclonal antibody- based immunoassay [J] . American Journal of Viticulture and Enology , 51:276 - 282.

LUO Y, MA Z , REYES H C, et al ., 2007.Quantification of airborne spores of *Monilinia fructicola* in stone f ruit orchards of California using real - time PCR [J] . European Journal of Plant Pathology，118:145-154.